SUMÁRIO

O SISTEMA SOLAR, NOSSO LAR 6	A CONQUISTA DE MARTE 60
O SOL E A LUA 8	**JÚPITER E SATURNO** 62
O SOL, A ESTRELA MAIS PRÓXIMA 10	JÚPITER 64
LUZ SOLAR, A BASE DA VIDA 12	JÚPITER, O GIGANTE 66
SOL ARDENTE 14	LUAS DE JÚPITER 68
ECLIPSES, QUANDO O DIA SE TORNA NOITE 16	UM PLANETA GASOSO 70
A LUA, NOSSO SATÉLITE 18	EXPLORANDO JÚPITER 72
A SUPERFÍCIE LUNAR 20	SATURNO, O SENHOR DOS ANÉIS 74
FASES DA LUA 22	ANÉIS E LUAS 76
HOMENS NO ESPAÇO 24	A SONDA CASSINI-HUYGENS 78
EXPLORAÇÃO DE PLANETAS 26	TITÃ, A LUA DE SATURNO 80
MERCÚRIO E VÊNUS 28	**URANO, NETUNO E PLANETAS ANÕES** 82
MERCÚRIO 30	URANO 84
QUENTE E FRIO 32	DESCOBERTA E ESTRUTURA 86
MILHARES DE CRATERAS 34	O SISTEMA LUNAR 88
VÊNUS 36	NETUNO 90
VÊNUS E O SOL 38	ANÉIS E LUAS 92
VULCÕES VENUSIANOS 40	PLANETAS ANÕES 94
A TERRA E MARTE 42	PLUTÃO 96
TERRA 44	ÉRIS E CERES 98
O INTERIOR DA TERRA 46	**ASTEROIDES, COMETAS E METEORITOS** 100
DIA E NOITE 48	ASTEROIDES 102
ONDE ESTOU? 50	O CINTURÃO DE ASTEROIDES 104
AS QUATRO ESTAÇÕES: A VIDA EM UM ANO 52	COMETAS 106
MARTE, O PLANETA VERMELHO 54	CHUVAS DE METEOROS 108
NA SUPERFÍCIE MARCIANA 56	
UM PLANETA TEMPESTUOSO 58	

UMA VISÃO DO UNIVERSO — 110
A ORIGEM DO UNIVERSO — 112
NOSSA GALÁXIA, A VIA LÁCTEA — 114
OUTRAS GALÁXIAS E SUAS FORMAS — 116
BURACOS NEGROS E NEBULOSAS — 118
PLANETAS E DEUSES — 120

GLOSSÁRIO — 122

ÍNDICE — 125

O SISTEMA SOLAR,
nosso lar

É difícil identificar a **ORIGEM DO SISTEMA SOLAR**. Cientistas acreditam que ele possa ter se formado há cerca de **4,6 BILHÕES DE ANOS** e que tenha sido resultado da **EXPLOSÃO DE UMA SUPERNOVA**.

O CINTURÃO DE ASTEROIDES
É uma região do Sistema Solar localizada aproximadamente entre as órbitas de Marte e Júpiter, que abriga uma **QUANTIDADE ENORME DE OBJETOS ASTRONÔMICOS** de formatos irregulares.

JÚPITER

VÊNUS

MARTE

TERRA

MERCÚRIO

O Sol está à distância certa da Terra para permitir a vida. Se estivesse mais perto, **NÓS QUEIMARÍAMOS**. Se estivesse mais longe, **CONGELARÍAMOS**.

De acordo com um estudo publicado no início de 2016, poderia haver um Nono Planeta no Sistema Solar. Ele foi provisoriamente chamado de Phattie.

Em 2006, Plutão deixou de ser considerado um planeta e se tornou um planeta anão.

O SISTEMA SOLAR

É um sistema formado pelo Sol e oito planetas com seus respectivos satélites que orbitam ao redor destes. Também **PLANETAS ANÕES, ASTEROIDES E INÚMEROS COMETAS, METEORITOS** e corpúsculos interplanetários acompanham o Sol em seu movimento através da nossa galáxia, a Via Láctea. Este sistema está localizado a cerca de **26.500** anos-luz do centro da Via Láctea.

A VIA LÁCTEA

É uma **GALÁXIA ESPIRAL** onde o Sistema Solar, e consequentemente a Terra, estão localizados. Seu diâmetro médio é estimado em cerca de **100.000 ANOS-LUZ**, e supõe-se que contenha mais de **200** bilhões de estrelas.

O SOL E A LUA

O SOL,
a estrela mais próxima

As áreas mais escuras do Sol são chamadas de "MANCHAS SOLARES". Elas são mais escuras porque sua temperatura é menor. As áreas mais brilhantes são chamadas de "FÁCULAS" e algumas têm o mesmo diâmetro da Terra.

O SOL

É o maior elemento do sistema solar e nossas vidas dependem dele. O Sol se formou há 4,65 bilhões de anos e tem combustível para mais 5 bilhões de anos. Então, ele começará a ficar cada vez maior, até se tornar um tipo de estrela chamada "GIGANTE VERMELHA". Por fim, entrará em colapso sob seu próprio peso e se tornará uma "ANÃ BRANCA", que pode levar muitos bilhões de anos para esfriar.

A COROA, a camada gasosa mais externa, ultrapassa a temperatura de 1.000.000 °C.

PERIGO! Nunca olhe diretamente para o Sol sem proteção, pois isso pode causar danos aos seus olhos. Lembre-se: óculos escuros normais não são suficientes.

A CADA SEGUNDO, O SOL TRANSFORMA CERCA DE 5 MILHÕES DE TONELADAS DE SUA MASSA EM ENERGIA. Essa energia libera **LUZ E CALOR**, o que permite a presença de vida na Terra.

TERRA

Acima podemos ver uma enorme proeminência solar produzida na **FOTOSFERA**, que é a **ÁREA ONDE A LUZ VISÍVEL É EMITIDA**. A fotosfera é considerada a "superfície" do Sol e, se você a observar com um telescópio, verá **GRÂNULOS BRILHANTES** projetados em um fundo mais escuro.

No interior do Sol, ocorrem **REAÇÕES DE FUSÃO** e átomos de hidrogênio são transformados em hélio, liberando uma **ENORME QUANTIDADE DE ENERGIA**.

LUZ SOLAR,
a base da vida

Quando o Sol ilumina um lado da Terra, dizemos que é dia. Enquanto isso, o outro lado do nosso planeta permanece escuro e dizemos que é noite.

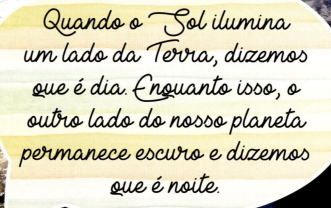

O Sol emite luz, que **VIAJA CERCA DE 150 MILHÕES KM** antes de nos alcançar. Nossa estrela nos envia **1.300 WATTS DE ENERGIA** por metro quadrado de superfície. Portanto, várias tecnologias que utilizam energia renovável **TENTAM APROVEITAR DESSA GRANDE QUANTIDADE DE ENERGIA,** que também é limpa.

A LUZ SOLAR É COMPOSTA POR DIFERENTES CORES: VERMELHO, LARANJA, AMARELO, VERDE, AZUL, ÍNDIGO E VIOLETA, QUE, QUANDO MISTURADAS, RESULTAM EM LUZ BRANCA. NEWTON DESCOBRIU ISSO AO PASSAR UM FINO RAIO DE LUZ POR UM PRISMA DE CRISTAL. VOCÊ PODE TESTAR ESSE FENÔMENO OBSERVANDO O ARCO-ÍRIS, QUE APARECE APÓS A CHUVA.

O ARCO-ÍRIS FORMA UM ARCO COLORIDO NO CÉU EM QUE A BORDA EXTERNA É VERMELHA E A MAIS INTERNA É VIOLETA. ISSO OCORRE QUANDO MINÚSCULAS GOTAS DE CHUVA, QUE AGEM COMO OS PRISMAS DE NEWTON, CRUZAM A LUZ SOLAR.

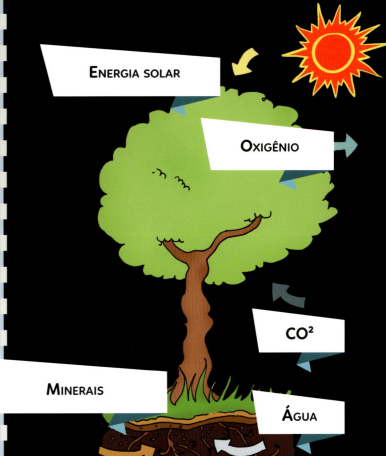

ENERGIA SOLAR

OXIGÊNIO

CO_2

MINERAIS

ÁGUA

VOCÊ PODE CRIAR SEU PRÓPRIO ARCO-ÍRIS FICANDO PERTO DE UMA PAREDE E ILUMINANDO UM CD COM UMA LANTERNA. SE BALANÇAR O CD NA LUZ, VERÁ UMA FAIXA DE CORES NA PAREDE. CONSEGUE DISTINGUIR AS SETE CORES DO ARCO-ÍRIS?

FOTOSSÍNTESE

A FOTOSSÍNTESE É O PROCESSO PELO QUAL AS PLANTAS PRODUZEM SEU PRÓPRIO ALIMENTO. NESSE PROCESSO, A LUZ SOLAR DESEMPENHA UM PAPEL FUNDAMENTAL.

 AS PLANTAS ABSORVEM ÁGUA E MINERAIS DO SOLO POR MEIO DE SUAS RAÍZES E OS TRANSFORMAM EM SEIVA BRUTA.

 A SEIVA BRUTA PASSA PELO CAULE ATÉ AS FOLHAS.

 AS FOLHAS RETIRAM O DIÓXIDO DE CARBONO DO AR. ESSE GÁS SE MISTURA COM A SEIVA BRUTA E, COM A AJUDA DA LUZ SOLAR, SE TRANSFORMA EM ALIMENTO PARA A PLANTA, A CHAMADA SEIVA ELABORADA. DURANTE ESSE PROCESSO, A PLANTA LIBERA OXIGÊNIO.

 A SEIVA ELABORADA É TRANSPORTADA PARA O RESTO DA PLANTA PELOS VASOS LIBERIANOS.

SOL ARDENTE

Composição do Sol:
- Hidrogênio: 74,9%
- Hélio: 23,8%
- Oxigênio: 0,6%
- Outros gases: 0,7%

A distância entre o Sol e a Terra é de 149,6 milhões de km. Um raio de luz percorre essa distância em 8 minutos e 19 segundos.

- COROA
- PROEMINÊNCIA SOLAR
- ZONA DE CONVECÇÃO
- ZONA RADIATIVA
- NÚCLEO
- FOTOSFERA
- CROMOSFERA
- MANCHA SOLAR

O SOL EM NÚMEROS

MASSA: $1,9891 \times 10^{30}$ KG
DISTÂNCIA MÉDIA DA TERRA: 149,6 MILHÕES DE KM
DENSIDADE: 1.411 KG/M³
ÁREA DE SUPERFÍCIE: $6,0877 \times 10^{12}$ KM²
DIÂMETRO: 1.391.400 KM
GRAVIDADE: 274 M/S²
PERÍODO DE ROTAÇÃO EQUATORIAL: 24,27 D
TEMPERATURA DA SUPERFÍCIE: 5.505 °C

GRANDES ERUPÇÕES SOLARES

O Sol libera **GRANDES ERUPÇÕES SOLARES DE GÁS QUENTE** no espaço, que aparecem como explosões gigantescas. A menor delas seria suficiente para **NOS TORRAR** aqui na Terra. Para se ter ideia de como é, algumas explosões podem alcançar uma distância de **MAIS DE 300.000 KM**, o suficiente para queimar **23** planetas como o nosso em sequência.

MANCHAS SOLARES foram descobertas pelo astrônomo **GALILEU GALILEI**. Algumas delas podem durar meses e ter um **DIÂMETRO MAIOR DO QUE O DA TERRA**.

Os seres humanos aprenderam a utilizar a energia solar para seu próprio benefício e, graças aos painéis solares, energia limpa e inesgotável pode ser produzida.

ECLIPSES,
quando o dia se torna noite

Quando a Lua fica entre o Sol e a Terra, ocorre um ECLIPSE. A Lua cobre o Sol e impede que a luz chegue à Terra. Tudo fica escuro, como se fosse noite. Pode acontecer de a Lua cobrir TODO O SOL OU APENAS UMA PARTE DELE.

O PRIMEIRO ECLIPSE CONHECIDO

O ECLIPSE DE UGARIT é o primeiro eclipse registrado na história. A data exata foi estabelecida em 3 de maio de 1375 a.C., graças a algumas TÁBUAS DE ARGILA encontradas em 1948 no atual território da Síria. No entanto, anos depois, novos estudos alteraram a data para 5 de março de 1223 a.C. O ECLIPSE DUROU 2 MINUTOS E 7 SEGUNDOS.

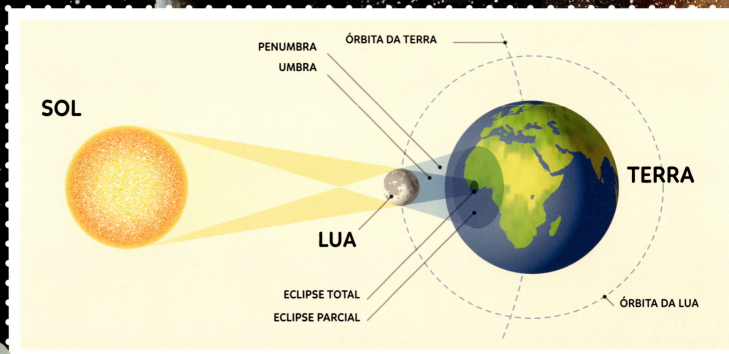

SOL — LUA — TERRA
PENUMBRA — UMBRA — ÓRBITA DA TERRA — ÓRBITA DA LUA
ECLIPSE TOTAL — ECLIPSE PARCIAL

Nunca olhe para um eclipse **SEM USAR PROTEÇÃO OCULAR APROPRIADA,** pois sua visão pode ser danificada para sempre.

ESTÁGIOS DE UM ECLIPSE

Durante um eclipse lunar, vemos que, pouco a pouco, **A LUA COBRE O SOL.** Quando esse processo é concluído, podemos **VER OS GASES QUENTES QUE CERCAM O SOL** e, quando a Lua começa a se afastar, **A COROA DO SOL PARECE UM ANEL** com um enorme diamante.

Quando observamos a Lua da Terra durante um eclipse, temos a **IMPRESSÃO DE QUE A LUA É MAIOR DO QUE O SOL,** mas isso é apenas **UMA ILUSÃO DE ÓTICA** devido ao fato de que nosso satélite está **400 VEZES MAIS PRÓXIMO** de nós do que o Sol.

A LUA,
nosso satélite

FORMAÇÃO DA LUA

Os cientistas acreditam que a Lua é o resultado DE UMA COLISÃO COM UM PROTOPLANETA, COM O TAMANHO DE MARTE, quando o Sistema Solar estava sendo formado.

Sempre vemos O MESMO LADO DA LUA. Para saber como era o lado oculto, tivemos que esperar até o lançamento de naves espaciais. Elas fotografaram e mapearam esse lado e depois enviaram os dados coletados de volta para a Terra.

GRAVIDADE NA LUA

A gravidade em nosso satélite é SEIS VEZES MENOR DO QUE NA TERRA. Uma pessoa que pesa 60 kg na Terra, pesa apenas 10 kg na Lua. É por isso que vemos ASTRONAUTAS PULAR, pois lá, apesar de seus trajes espaciais pesados, eles são muito leves.

Os TRAJES ESPACIAIS não apenas fazem os astronautas pesarem mais, mas TAMBÉM FORNECEM OXIGÊNIO e os protegem de mudanças de temperatura súbitas.

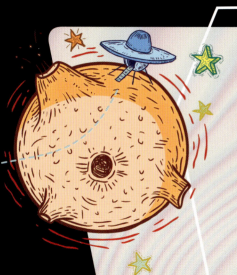

A LUA EM NÚMEROS

Massa: $7,349 \times 10^{22}$ kg

Distância média da Terra: 384.400 km

Densidade: 3,34 g/cm³

Área de superfície: 38 milhões km²

Diâmetro: 3.474 km

Gravidade: 1,62 m/s²

Período de rotação: 27 d, 7 h, 43,7 min

Temperatura da superfície: 107/-153 °C (dia/noite)

A SUPERFÍCIE LUNAR

Algumas AMOSTRAS DE ROCHAS extraídas de BACIAS LUNARES mostram que, entre 3,3 E 3,1 BILHÕES DE ANOS ATRÁS, vários objetos enormes, semelhantes a ASTEROIDES, colidiram com a Lua, formando CRATERAS GIGANTESCAS. Algo semelhante havia acontecido alguns milhões de anos antes, e ambos os processos deixaram a superfície da Lua com sua aparência atual. Pouco tempo depois, LAVA ABUNDANTE de vulcões preencheu as bacias e deu origem aos escuros mares lunares. Isso explica por que há TÃO POUCAS crateras nos mares e tantas nos planaltos.

OBSERVANDO A LUA

Embora a Lua mostre sua face mais brilhante durante a LUA CHEIA, o melhor momento para observá-la é durante o QUARTO CRESCENTE E QUARTO MINGUANTE. Isso porque a LUZ DO SOL atinge a Lua lateralmente, e suas elevações se destacam muito mais.

MEDINDO A DISTÂNCIAS

Entre 1969 e 1971, como parte do experimento Lunar Laser Ranging Retroreflector, os astronautas das missões Apollo 11, 14 e 15 deixaram RETRORREFLETORES na Lua. O objetivo era medir com precisão a DISTÂNCIA ENTRE A LUA E A TERRA. Esse experimento ainda está em andamento. Atualmente, sabemos que A DISTÂNCIA TERRA-LUA é de exatamente 384.403 km.

MARES E MONTANHAS LUNARES

A superfície lunar é uma mistura de CRATERAS, CADEIAS DE MONTANHAS, VALES ESTREITOS E PROFUNDOS, planícies e mares. O maior mar é o OCEANUS PROCELLARUM (Oceano das Tempestades), com um diâmetro de aproximadamente 2.500 km. A CADEIA DE MONTANHAS mais alta é a Leibnitz, com picos de até 9.140 m de altura.

A Lua está cheia de CRATERAS produzidas pelo impacto de METEORITOS. A maioria delas recebeu nomes de cientistas, estudiosos, artistas e exploradores.

FASES DA LUA

Quando o lado iluminado é o da direita, a Lua está na fase crescente, enquanto quando o lado esquerdo está iluminado, está na fase minguante.

FASES DA LUA

Em 28 dias, a Lua muda de aparência e podemos observar essas mudanças com binóculos simples:

LUA NOVA: Mal podemos identificar a Lua, pois o lado iluminado não está voltado para a Terra.

 **QUARTO MINGUANTE:** O ciclo lunar se aproxima do fim. A Terra, a Lua e o Sol formam um ângulo reto. O lado iluminado da Lua diminui gradativamente.

LUA CHEIA: Ocorre quando a Terra fica entre o Sol e a Lua. Todo o lado visível da Lua é iluminado pelo Sol. Ela parece redonda e brilhante.

 **QUARTO CRESCENTE:** A Lua começa a mostrar seu lado iluminado novamente. A cada noite, a parte iluminada da Lua se torna maior.

LUA DE SANGUE

A atmosfera ao redor da Terra **DISPERSA LUZ AZUL E VERDE**, deixando passar a luz vermelha. Durante um eclipse lunar, a Lua se move atrás da sombra da Terra e, em vez de receber a luz solar, recebe a **LUZ VERMELHA DA NOSSA ATMOSFERA**. Devido a essa posição, ocorre um fenômeno incomum chamado "**LUA DE SANGUE**".

A Lua gira ao redor da Terra e reflete a luz solar de maneira diferente conforme sua posição muda em relação ao Sol. É por isso que existem Diferentes Fases em um período de 29,5 dias.

NA FASE DE LUA CHEIA, se a Terra estiver entre o Sol e nosso satélite, ocorre um **ECLIPSE LUNAR**. Durante um eclipse lunar, assim como nos eclipses terrestres, podemos distinguir a **UMBRA**, onde a sombra na Terra é total, e a **PENUMBRA**, onde a luz do Sol aparece difusa e sombreada.

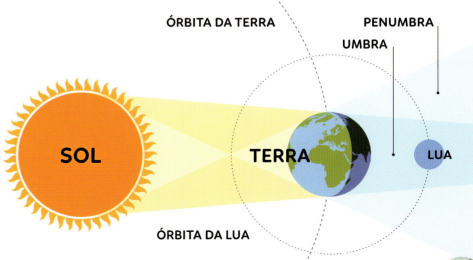

HOMENS
no espaço

Até agora, o homem só pisou em um objeto planetário: a Lua. A APOLLO 11 foi lançada ao espaço em 16 de julho de 1969 e alcançou a superfície lunar em 20 de julho de 1969. No dia seguinte, dois astronautas, Armstrong e Aldrin, tornaram-se os primeiros seres humanos a caminhar na superfície lunar. No total, doze homens tiveram o privilégio de pisar na Lua e caminhar em sua superfície.

Juntamente com vários instrumentos científicos, os astronautas deixaram uma série de objetos pessoais na Lua. Eles vão desde uma foto de família de Charles Duke até as bolas de golfe de Alan Shepard ou uma placa em memória de astronautas falecidos.

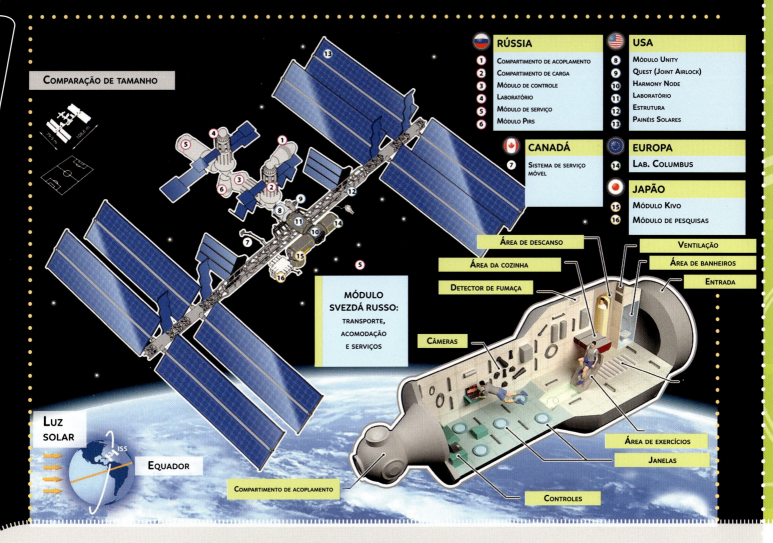

A ESTAÇÃO ESPACIAL INTERNACIONAL

É uma estação espacial **PERMANENTEMENTE TRIPULADA**, onde equipes de astronautas e pesquisadores das cinco agências espaciais participantes – **EUROPA, RÚSSIA, JAPÃO, CANADÁ E ESTADOS UNIDOS** – se revezam. Seu objetivo é servir como base de testes para possíveis **FUTURAS MISSÕES** à Lua, Marte e asteroides.

OLHOS NO ESPAÇO

NESTA PÁGINA DUPLA PODEMOS VER SONDAS ESPACIAIS QUE EXPLORARAM OU AINDA INVESTIGAM O SISTEMA SOLAR E SUAS MISSÕES:

BEPICOLOMBO: É A PRIMEIRA MISSÃO EUROPEIA A MERCÚRIO, O PLANETA MAIS INTERNO DO SISTEMA SOLAR.

CASSINI-HUYGENS: MISSÃO ESPACIAL NÃO TRIPULADA, CUJO OBJETIVO ERA ESTUDAR O PLANETA SATURNO E SUAS LUAS. FOI A PRIMEIRA SONDA ESPACIAL A ENTRAR NA ÁREA ENTRE O PLANETA E SEUS ANÉIS.

CLUSTER: SUA MISSÃO ERA ESTUDAR A MAGNETOSFERA DA TERRA, MAS AS SONDAS FORAM DESTRUÍDAS NO LANÇAMENTO DO FOGUETE QUE AS COLOCARIA EM ÓRBITA.

JUICE: IRÁ ESTUDAR JÚPITER E SUAS LUAS.

MARS EXPRESS: PESQUISOU O PLANETA VERMELHO.

PROBA-2: SUA MISSÃO ERA ESTUDAR O SOL, SUA COROA E ERUPÇÕES SOLARES.

ROSETTA: JUNTO COM SEU MÓDULO **PHILAE**, ESTUDOU E POUSOU NO COMETA **67P/CHURYUMOV-GERASIMENKO**.

SOLAR ORBITER: ESTUDA O SOL.

SOHO: TAMBÉM ESTUDA O SOL.

VENUS EXPRESS: SUA MISSÃO ERA ESTUDAR A ATMOSFERA DE VÊNUS.

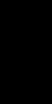

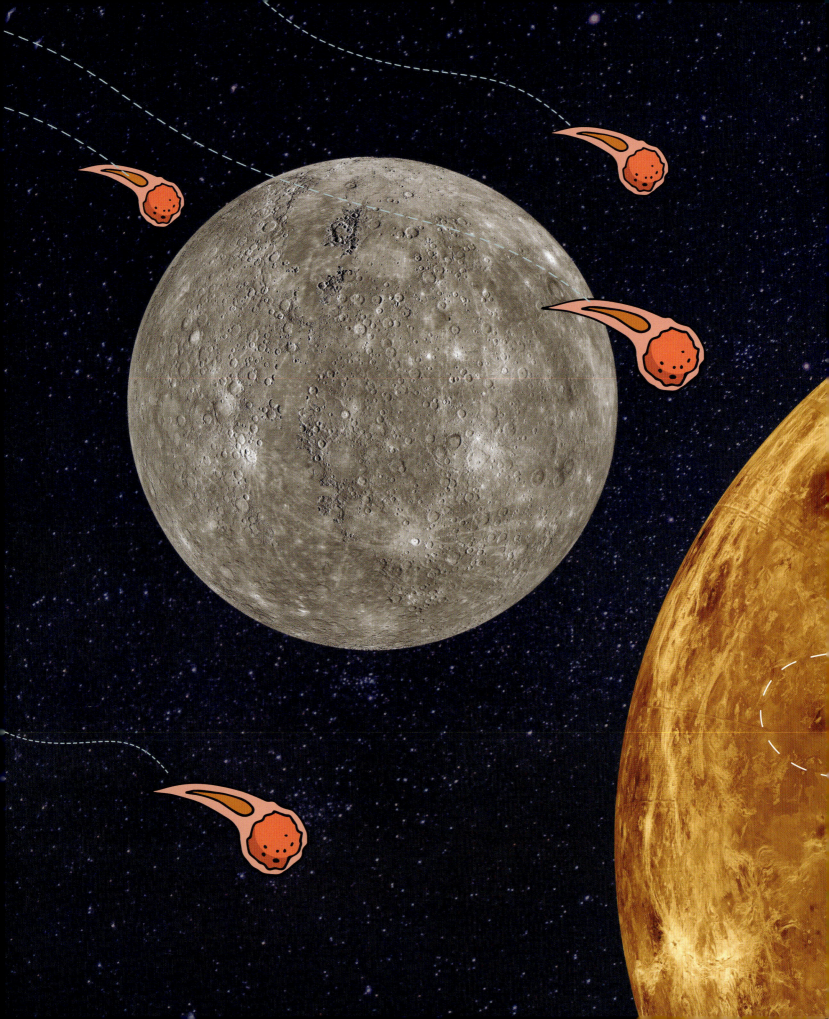

MERCÚRIO E VÊNUS

MERCÚRIO

Mercúrio é o planeta mais próximo do Sol. É também O MENOR planeta do Sistema Solar, apenas um POUCO MAIOR QUE A LUA. Ele não tem satélites, sua superfície é SECA E ROCHOSA e cheia de crateras que foram formadas pela colisão de meteoritos e cometas em sua superfície há ALGUNS MILHÕES DE ANOS.

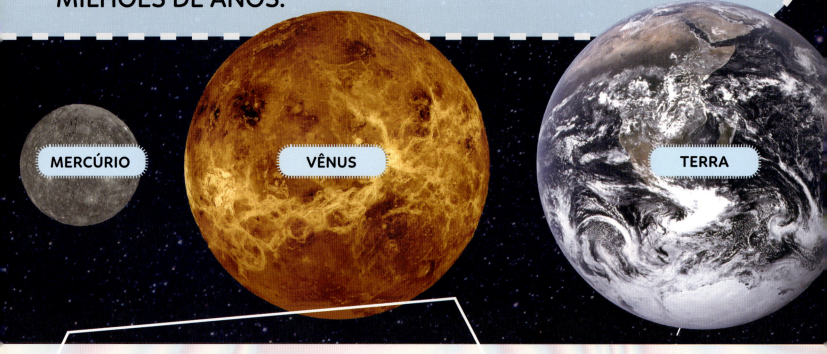

MERCÚRIO • VÊNUS • TERRA

MERCÚRIO EM NÚMEROS

Massa: $3{,}302 \times 10^{23}$ kg

Distância média do Sol: 57,91 milhões de km

Densidade: 5,43 g/cm³

Área de superfície: $7{,}5 \times 10^7$ km²

Diâmetro: 4.879,4 km

Gravidade: 3,7 m/s²

Período de rotação: 58 d, 15 h, 30 min

Temperatura média: 350/-170 °C (dia/noite)

UM PLANETA DESCONHECIDO

Sabíamos muito pouco sobre a superfície de Mercúrio até que a SONDA PLANETÁRIA MARINER 10 foi enviada em 1973 e observações em 40% de sua superfície foram feitas com radares e radiotelescópios.

A sonda Messenger foi uma sonda espacial não tripulada da Nasa. Lançada em direção a Mercúrio em 3 de agosto de 2004, entrou em sua órbita em 18 de março de 2011. Ela nos forneceu dados interessantes sobre a composição do planeta, assim como fotos espetaculares. Um destaque na geologia de Mercúrio é a Bacia Caloris, uma cratera de impacto que corresponde a uma das maiores depressões meteóricas em todo o Sistema Solar, com um diâmetro médio de 1.550 km.

A SUPERFÍCIE DE MERCÚRIO, ASSIM COMO A DA LUA, MOSTRA SINAIS DE NUMEROSOS IMPACTOS DE METEORITOS, VARIANDO DE ALGUNS METROS A CENTENAS DE QUILÔMETROS DE DIÂMETRO. ALGUMAS CRATERAS SÃO RELATIVAMENTE RECENTES, ENQUANTO OUTRAS POSSUEM MILHÕES DE ANOS E SÃO CARACTERIZADAS PELA PRESENÇA DE UM PICO CENTRAL.

QUENTE E FRIO

Mercúrio é **o planeta mais próximo do Sol** e, por isso, a gravidade da nossa estrela exerce uma importante **força de frenagem** em sua rotação. Por esta razão, os dias em Mercúrio são muito longos; na verdade, o período de rotação do planeta é de **58 dias e 15 horas**. Um dia neste planeta tem a duração de quase **dois meses terrestres**: em Mercúrio, não dá para deixar as coisas para amanhã!

ÁGUA EM MERCÚRIO!

Uma surpresa da **missão Messenger** foi a descoberta de que em certas áreas de Mercúrio existem **lagos de água congelada**. Na imagem, você pode vê-los destacados em **amarelo**.

O lado oculto de Mercúrio é tão escuro que quase não se consegue ver nada. Em 2008, graças à missão Messenger, os cientistas obtiveram uma visão completa de todo o planeta.

Em **MERCÚRIO**, há **88 DIAS INTEIROS DE LUZ**, seguidos por outros **88** dias de total escuridão.

Uma das características de **MERCÚRIO** é a **GRANDE DIFERENÇA DE TEMPERATURAS** entre o dia e a noite. Ao meio-dia, os termômetros podem atingir **TEMPERATURAS DE ATÉ 427°C**, quentes o suficiente para derreter chumbo, enquanto à noite, a temperatura pode despencar para -183°C. Se estivéssemos na Terra... **O AR SE TORNARIA LÍQUIDO!**

MILHARES DE CRATERAS

MERCÚRIO É SULCADO POR UMA GRANDE QUANTIDADE DE CRATERAS. ALGUMAS DAS MAIS PROFUNDAS, ESPECIALMENTE AQUELAS LOCALIZADAS NOS POLOS DO PLANETA, NUNCA SÃO ALCANÇADAS PELA LUZ SOLAR. É LÁ QUE SE PODE ENCONTRAR GELO, ALGO RARO CONSIDERANDO A PROXIMIDADE DE MERCÚRIO COM A NOSSA ESTRELA.

O fato de a superfície mostrar um ALTO NÚMERO DE CRATERAS se deve à ATMOSFERA MUITO FINA DE MERCÚRIO, que permite a entrada de meteoritos sem que se desintegrem.

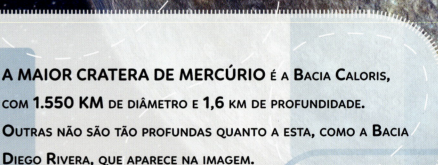

A MAIOR CRATERA DE MERCÚRIO É A BACIA CALORIS, COM 1.550 KM DE DIÂMETRO E 1,6 KM DE PROFUNDIDADE. OUTRAS NÃO SÃO TÃO PROFUNDAS QUANTO A ESTA, COMO A BACIA DIEGO RIVERA, QUE APARECE NA IMAGEM.

Muitas crateras se formaram quando asteroides ou cometas colidiram com o planeta, mas outras têm origem vulcânica.

MERCÚRIO TEM RUGAS!
Quando o núcleo de Mercúrio esfria e se contrai, os movimentos geológicos formam "rugas" em sua superfície. O planeta está cheio de irregularidades que se estendem por **CENTENAS DE MILHARES DE QUILÔMETROS** e alcançam uma altitude de aproximadamente um quilômetro.

VÊNUS

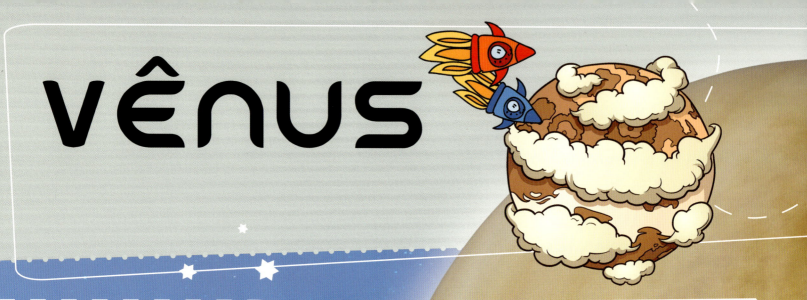

Apesar de ser o planeta mais próximo da Terra, Vênus ainda está envolto em UMA NUVEM DE MISTÉRIO, tanto figurativa quanto literalmente. O planeta é coberto por grossas camadas de DIÓXIDO DE CARBONO e NUVENS DE ÁCIDO SULFÚRICO, o que torna sua superfície extremamente difícil de se ver.

VÊNUS EM NÚMEROS

Massa: $4,869 \times 10^{24}$ kg
Distância média do Sol: 108,2 milhões de km
Densidade: 5,24 g/cm³
Área de superfície: 4.60×10^8 km²
Diâmetro: 12.104 km
Gravidade: 8,87 m/s²
Período de rotação: 116 d, 18 h
Temperatura média: 463,85°C

Se pudéssemos ver o planeta VÊNUS sem a densa camada de nuvens que o cobre, observaríamos que EXISTEM GRANDES PLANÍCIES E MUITO POUCAS CRATERAS. Quase não há crateras porque a camada de ácido denso as destrói. Também poderíamos ver "RIOS" DE LAVA SOLIDIFICADA.

Vênus foi o primeiro corpo do Sistema Solar, depois da Lua, a ser observado por uma sonda espacial. A primeira foi a russa Venera e depois outras sondas russas e americanas. A sonda Magellan conseguiu atravessar a densa camada de nuvens utilizando imagens de radar. A última sonda enviada a Vênus foi a Venus Express.

COMO OBSERVAR VÊNUS

VÊNUS É O PLANETA MAIS FÁCIL DE SE IDENTIFICAR DEVIDO À SUA LUMINOSIDADE. DEPOIS DO SOL E DA LUA, É O CORPO CELESTE MAIS BRILHANTE E PODE SER VISTO COMO A PRIMEIRA "ESTRELA" A APARECER APÓS O PÔR-DO-SOL E A ÚLTIMA A DESAPARECER AO NASCER-DO-SOL.

SEU NOME É UMA HOMENAGEM A VÊNUS, A DEUSA ROMANA DO AMOR. É UM PLANETA ROCHOSO E TERRESTRE, FREQUENTEMENTE CHAMADO DE "PLANETA IRMÃO DA TERRA", POIS AMBOS SÃO SEMELHANTES EM TAMANHO, MASSA E COMPOSIÇÃO, EMBORA TOTALMENTE DIFERENTES EM TERMOS TÉRMICOS E ATMOSFÉRICOS (NA VERDADE, A TEMPERATURA MÉDIA EM VÊNUS É DE 463,85°C).

VÊNUS E O SOL

Um trânsito planetário é o que acontece quando um planeta passa diretamente entre o Sol e a Terra. Esse fato é análogo aos eclipses solares causados pela Lua, mas para Vênus, distância e tamanho aparente fazem com que este planeta se pareça com um pequeno ponto negro atravessando a face visível do Sol por um período de cinco a oito horas.

O TRÂNSITO DE VÊNUS DE 2012 FOI TRANSMITIDO AO VIVO PELA ESA (AGÊNCIA ESPACIAL EUROPEIA) DA ILHA NORUEGUESA DE SPITSBERGEN, NO CÍRCULO POLAR ÁRTICO. LÁ, O SOL NÃO SE PÕE DURANTE O MÊS DE JUNHO, OFERECENDO ASSIM UMA OPORTUNIDADE ÚNICA PARA DESFRUTAR DE TODAS AS FASES DE TRÂNSITO DA EUROPA.

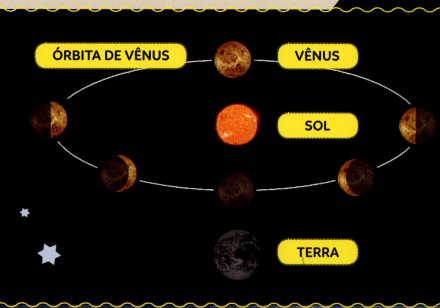

VÊNUS

SOL

Os **TRÂNSITOS DE VÊNUS** são muito raros. Na verdade, eles acontecem de acordo com um esquema a cada **243** anos em pares onde os trânsitos são separados por um lapso de tempo de **8** anos e cada par ocorrendo ao longo de um século após o anterior. O próximo trânsito será em **2117**. Trânsitos de **MERCÚRIO** ocorrem com **MAIOR FREQUÊNCIA**. Até agora, no século **21**, já ocorreram três: em **2003**, **2006** e **2016**.

MERCÚRIO também passa entre a Terra e o Sol. Esses trânsitos são **MAIS FREQUENTES**, pois ocorrem mais de dez em um século.

Nunca olhe para nenhum fenômeno que envolva o Sol sem usar proteção ocular adequada contra radiação ultravioleta prejudicial, pois seus olhos são muito sensíveis e você pode danificá-los permanentemente. O mesmo acontece quando você toma banho de sol no verão, mas nesse caso, a sua pele é que poderia sofrer consequências.

VULCÕES VENUSIANOS

VULCÃO MAAT MONS

É o vulcão **MAIS ALTO** de Vênus, enquanto o pico mais alto é o **MAXWELL MONTES**. Seu nome vem de **MAAT**, a deusa egípcia da verdade e da justiça.

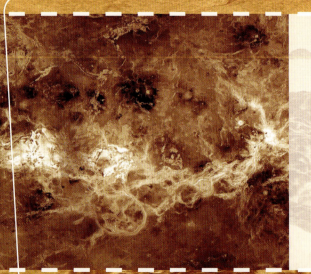

VULCÕES QUE BATEM RECORDES

Vênus tem mais vulcões do que qualquer outro planeta do Sistema Solar. Até o momento, mais de 1.600 crateras grandes e incontáveis crateras menores foram contabilizadas. A maioria deles está inativo e criou grandes planícies de lava. No entanto, estudos recentes sugerem que pode haver atividade vulcânica em algumas áreas do planeta.

VENUS EXPRESS

Após a exploração de Vênus pela sonda MAGELLAN, a VENUS EXPRESS assumiu o controle. Ela foi lançada em 2005 e está estudando minuciosamente a atmosfera e a superfície do planeta.

Se houvesse VENUSIANOS, eles seriam bem diferentes de nós. Na verdade, eles estariam sujeitos a uma pressão atmosférica 92 VEZES MAIOR QUE A DA TERRA e a uma TEMPERATURA DE 463°C. Além disso, a atmosfera de Vênus é composta principalmente de DIÓXIDO DE CARBONO e UMA CAMADA DE ÁCIDO SULFÚRICO.

A TERRA E MARTE

TERRA

A Terra é o planeta ONDE VIVEMOS. Localizada entre Marte e Vênus, é o TERCEIRO PLANETA do Sistema Solar. Do espaço, parece uma ESFERA AZUL, BRANCA E VERDE com oceanos, terras e nuvens. É também conhecida como "PLANETA AZUL" porque 70% de sua superfície é coberta por água.

A Terra tem um satélite, a Lua, e todos os estudos indicam que ela se originou do nosso planeta. Assim como a Terra, ela brilha apenas com a luz solar refletida, pois sua superfície é muito poeirenta e branca.

A TERRA EM NÚMEROS

Massa: **5,972 x 10²⁴ kg**
Distância média do Sol: **149,6 milhões de km**
Densidade média: **5,51 g/cm³**
Área de superfície: **510,1 milhões de km²**
Diâmetro: **12.756 km (no equador)**
Gravidade: **9,78 m/s²**
Período de rotação: **23 h, 56 min, 4 s**
Temperatura média: **14°C**

EFEITOS DA GRAVIDADE

Se você pudesse caminhar por um túnel terminando do outro lado da Terra, levaria **cerca de 40 minutos para atravessá-lo.** No entanto, antes de atingir a superfície, você cairia de volta na direção oposta e acabaria caindo de um lado para o outro indefinidamente.

A ATMOSFERA

A Terra está envolvida por uma fina camada de gases chamada **atmosfera**, ou, mais comumente, "ar". A atmosfera é uma mistura de gases, sendo os principais o oxigênio **(21%)** e o nitrogênio **(78%)**. Além desses, ela também contém argônio, dióxido de carbono e vapor d'água. Graças à atmosfera, plantas, animais e seres humanos podem respirar.

O INTERIOR DA TERRA

1. MANTO

É a camada da Terra ENTRE A CROSTA E O NÚCLEO (representando aproximadamente 84% do volume do planeta). O manto terrestre se estende de cerca de 33 km a 2.900 km de profundidade.

2. NÚCLEO INTERNO

É uma esfera sólida com um raio de 1.216 km, LOCALIZADA NO CENTRO DA TERRA. É composta por uma liga de ferro e níquel. Sua temperatura pode exceder 6.700°C, porém o metal permanece sólido devido às altíssimas pressões às quais está sujeito.

3. CROSTA

É a camada mais superficial, onde vivem todos os seres vivos. É FORMADA POR ROCHAS e é uma camada relativamente fina. Sua espessura varia entre 11 km ao longo das cordilheiras oceânicas e 70 km ao longo de grandes cordilheiras terrestres, como os Andes e o Himalaia.

4. NÚCLEO EXTERNO

O núcleo externo da Terra é uma ENORME BOLA DE FERRO FUNDIDO. Esse metal faz com que a Terra funcione como um imã, cujo polo positivo está no Ártico e o polo negativo na Antártida. Sua temperatura varia entre 4.400°C em sua camada superior e 6.100°C em sua área interna.

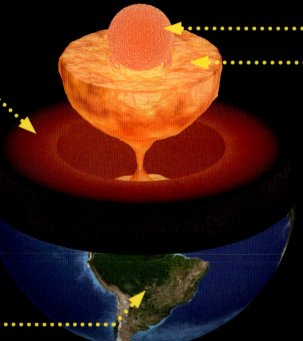

A Terra se parece com uma cebola gigante na qual podemos distinguir diferentes camadas. Até agora, os cientistas observaram as ondas sísmicas de terremotos passando por essas diferentes camadas para analisar sua composição.

PERFURAÇÕES NA TERRA

O BURACO MAIS PROFUNDO já feito é o POÇO SUPERPROFUNDO DE KOLA na tundra siberiana. Ele tinha 13 KM DE PROFUNDIDADE e perfurou rochas com mais de 2,3 BILHÕES DE ANOS. Os alemães perfuraram o FURO KTB, que atingiu 9 KM DE PROFUNDIDADE. Eles não puderam continuar pois... OS RECURSOS ACABARAM!

Quando as PLACAS TECTÔNICAS COLIDEM, montanhas e vulcões se formam, e terremotos ocorrem. Um TERREMOTO é o tremor súbito e temporário da crosta terrestre, causado pela LIBERAÇÃO DE ENERGIA ACUMULADA na forma de ondas sísmicas. Um VULCÃO é uma estrutura geológica através da qual LAVA e GASES SAEM das camadas mais internas da Terra.

DIA E NOITE

A Terra não brilha com sua própria luz e precisa ser iluminada pelo Sol. É por isso que em 24 horas metade do planeta experimenta o dia e na outra metade é noite. Existem também dois setores de penumbra: nascer do sol e pôr-do-sol.

QUANDO É DIA DE UM LADO DA TERRA, É NOITE DO OUTRO LADO. ISSO SE DEVE À ROTAÇÃO DA TERRA EM SEU EIXO.

NOITE

NOITE POLAR DE 24 HORAS

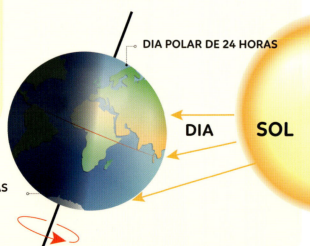

DIA POLAR DE 24 HORAS

DIA

SOL

O CICLO DIA/NOITE

A duração do **DIA E DA NOITE** muda ao longo do ano. O dia mais longo e, consequentemente, a **NOITE MAIS CURTA**, ocorre durante o **SOLSTÍCIO DE VERÃO**. O dia dura **MENOS DE 12 HORAS** no outono e no inverno, e o **SOLSTÍCIO DE INVERNO** marca o dia mais curto e a noite mais longa.

No verão, tanto no polo norte quanto no polo sul, o Sol não se põe no horizonte e produz um fenômeno conhecido como "sol da meia-noite", que consiste em um pôr-do-sol permanente.

PÔR-DO-SOL LARANJA

O PÔR-DO-SOL parece laranja ou avermelhado PORQUE O SOL ESTÁ BAIXO NO CÉU. Nessa posição, antes de chegarem aos nossos olhos, seus raios percorrem uma distância na atmosfera que é 10 vezes maior do que quando o SOL ATINGE O ZÊNITE. Como resultado, o NITROGÊNIO e o OXIGÊNIO dispersam mais as cores AZUL e VIOLETA, enquanto permitem que TONS DE LARANJA E VERMELHO passem EM LINHA RETA.

O SONO DÁ DESCANSO AO NOSSO CORPO, PERMITINDO QUE ELE SE PREPARE PARA O DIA SEGUINTE. É COMO DAR UM TEMPO DE FÉRIAS AO NOSSO CORPO. O SONO TAMBÉM FORNECE AO CÉREBRO A CAPACIDADE DE ANALISAR AS COISAS.

ONDE ESTOU?

O SISTEMA DE POSICIONAMENTO GLOBAL (GPS)

Durante séculos, os homens utilizaram as ESTRELAS e o SOL para saber sua posição na Terra. Atualmente, o SISTEMA DE POSICIONAMENTO GLOBAL, mais conhecido como GPS, permite estabelecer com precisão a posição de qualquer objeto na Terra. O GPS funciona através de uma REDE de pelo menos 24 satélites, que emitem constantemente um sinal de sua posição. Utilizando um RECEPTOR apropriado e triangulando três sinais diferentes, você pode saber a posição exata de algo.

Os usos do GPS são DIVERSOS: ele pode localizar pessoas desaparecidas nas montanhas, recuperar carros roubados ou até mesmo dirigir veículos sem motorista.

O sistema Galileo, consistirá em 30 satélites distribuídos por três órbitas diferentes. Cada satélite leva 14 horas para completar sua órbita a uma distância de 23.222 km da Terra.

O SISTEMA GALILEO

O PROJETO GPS FOI PROJETADO PELO GOVERNO DOS EUA COM UM PROPÓSITO MILITAR. Os governos europeus decidiram criar seu próprio sistema de posicionamento e navegação, o GALILEO, QUE SERÁ PARA USO CIVIL. ELE ESTÁ PLENAMENTE OPERACIONAL DESDE 2020.

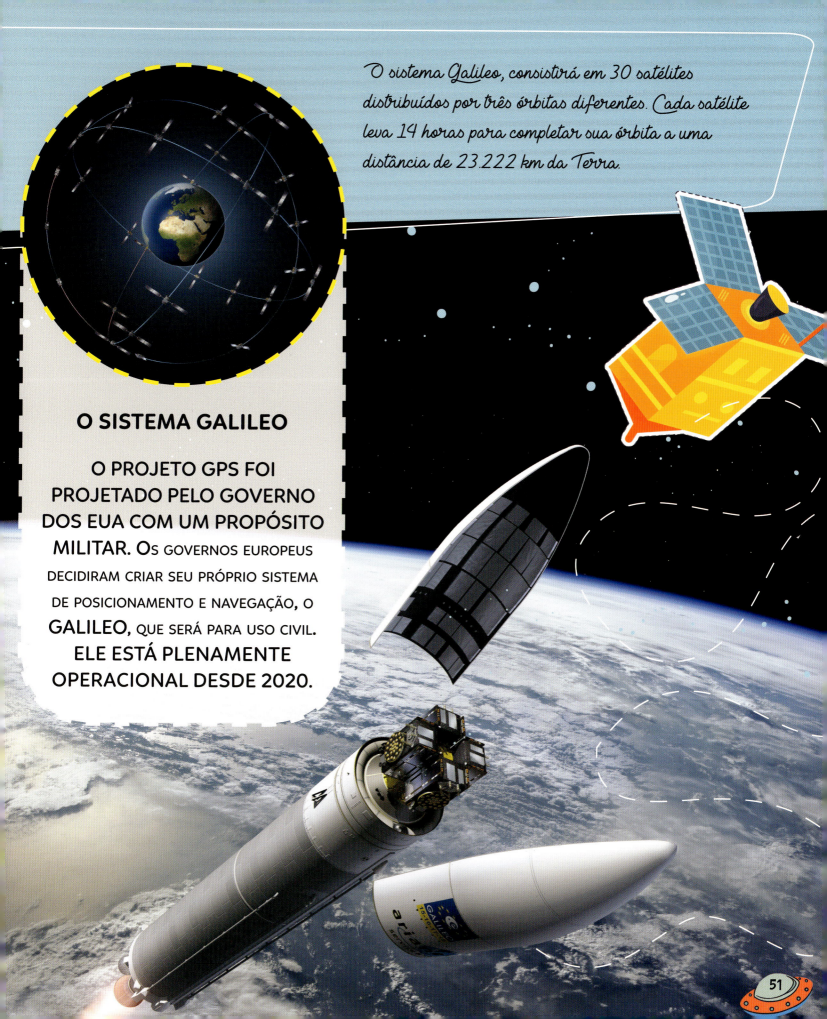

AS QUATRO ESTAÇÕES,
A VIDA EM UM ANO

PRIMAVERA

NA PRIMAVERA, os dias se tornam gradualmente mais longos e o **TEMPO QUENTE COMEÇA A DERRETER A NEVE.** As plantas começam a brotar enquanto os animais se acasalam e constroem seus **NINHOS E TOCAS.**

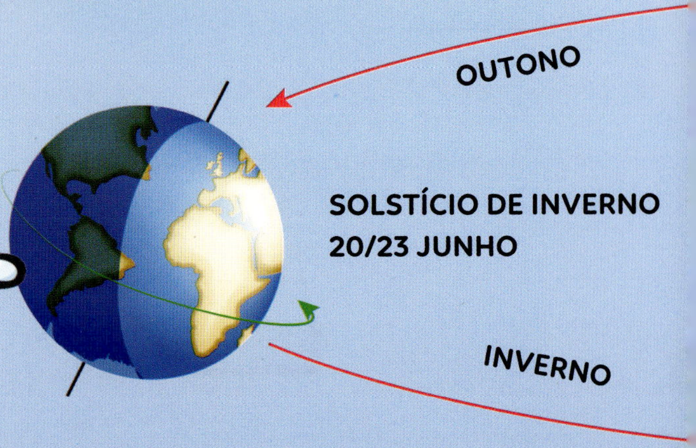

OUTONO

SOLSTÍCIO DE INVERNO
20/23 JUNHO

INVERNO

VERÃO

NO VERÃO, os dias são muito longos e **O SOL ATINGE O PONTO MAIS ALTO NO CÉU.** Está calor lá fora e a maioria das plantas floresce. **TENHA CUIDADO COM AS RADIAÇÕES UV,** que podem queimar sua pele e causar problemas de saúde.

INVERNO

NO INVERNO, O SOL FICA MAIS BAIXO NO HORIZONTE. OS DIAS SÃO CURTOS E AS NOITES LONGAS. ESTÁ FRIO LÁ FORA: MUITAS PLANTAS MORREM E ALGUNS ANIMAIS SE REFUGIAM EM SUAS TOCAS E INICIAM UM PERÍODO DE LONGO SONO CHAMADO "HIBERNAÇÃO".

Lembre-se que, devido à inclinação do eixo de rotação da Terra, as estações no hemisfério norte são opostas às do hemisfério sul. Então, quando na Europa é primavera, no Cone Sul é outono.

EQUINÓCIO OUTONAL
20/21 DE MARÇO

VERÃO

SOLSTÍCIO DE VERÃO
20/23 DE DEZEMBRO

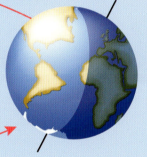

EQUINÓCIO VERNAL
22/23 DE SETEMBRO

PRIMAVERA

OUTONO

NO OUTONO, OS DIAS SE TORNAM MAIS CURTOS E O SOL FICA MAIS BAIXO NO CÉU. QUANDO AS TEMPERATURAS FICAM MAIS FRIAS, MUITAS ÁRVORES MUDAM A COR DE SUAS FOLHAS ANTES DE PERDÊ-LAS. NESSE PERÍODO, TAMBÉM EXISTEM ANIMAIS, COMO PÁSSAROS, QUE MIGRAM PARA REGIÕES MAIS QUENTES.

MARTE,
o planeta vermelho

MARTE, o quarto planeta do Sistema Solar, está localizado entre a **TERRA** e **JÚPITER**. Ele tem metade do tamanho da Terra e é coberto por **COLINAS**, **CRATERAS**, **VULCÕES** e leitos de rios, que eram outrora **RIOS DE ÁGUA**.

MARTE EM NÚMEROS

Massa: $6,4185 \times 10^{23}$ kg
Distância média do Sol: 227,9 milhões de quilômetros
Densidade: 3,93 g/cm³
Área de superfície: 144,8 milhões de km²
Diâmetro: 6.794,4 km
Gravidade: 3,711 m/s²
Período de rotação: 1 dia, 0 h, 37 min
Temperatura média: -46 °C

A famosa cor vermelha de Marte se deve à grande quantidade de óxidos nas rochas de sua superfície.

Marte tem dois satélites naturais: Fobos e Deimos. Eles são menores que a nossa Lua e têm formato bem irregular. Fobos é o maior e mais próximo. Ambos são cobertos por crateras. Fobos completa uma órbita ao redor de Marte em 7,5 horas, enquanto Deimos leva 20 horas. Ambas os satélites foram descobertos em 18 de agosto de 1877 pelo astrônomo americano Asaph Hall (1829-1907), que lhes deu seus nomes.

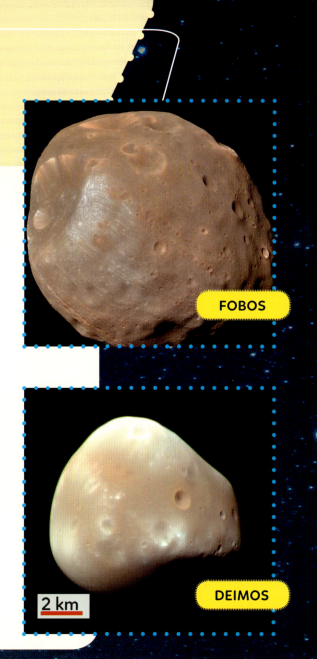

FOBOS

DEIMOS

2 km

O PÔR-DO-SOL EM MARTE às vezes tem uma COR ROSA intensa e bonita. Esse fenômeno se deve às PARTÍCULAS SUSPENSAS na atmosfera.

NA SUPERFÍCIE MARCIANA

Rios de água líquida devem ter existido na superfície de Marte. Isso explicaria a presença de vales profundos tão semelhantes àqueles que os rios esculpem na Terra através da erosão.

UMA SELFIE HISTÓRICA

Se você quisesse tirar uma selfie em frente ao **VULCÃO MAIS ALTO DO SISTEMA SOLAR**, deveria ir a Marte. Lá você encontrará o **MONTE OLIMPO**, um vulcão extinto de 2 milhões de anos, com quase **23** km de altura. Sua cratera tem **85** km de comprimento, **60** km de largura e quase **3** km de profundidade.

A imagem acima mostra a impressionante CRATERA VICTORIA, que mede cerca de 750 METROS DE DIÂMETRO, e FOI ESTUDADA pelo rover de exploração de Marte OPPORTUNITY. Ele pousou em Marte em 25 de janeiro de 2004. Depois de percorrer 8 QUILÔMETROS EM DOIS ANOS E MEIO, a Opportunity chegou à borda da Cratera Victoria em 27 de setembro de 2006. Lá, coletou DADOS VALIOSOS E TIROU FOTOS INCRÍVEIS.

Em Marte, todas as características geográficas alcançam proporções recordes. Lá você também pode encontrar os maiores cânions: os Valles Marineris têm 4.500 km de comprimento, enquanto o Grand Canyon, esculpido pelo rio Colorado, nos EUA, mede "apenas" 446 km.

UM PLANETA TEMPESTUOSO

Estudos mostram que Marte tinha uma atmosfera mais densa, com nuvens e chuvas que formavam rios. Vestígios de sulcos, ilhas e costas ainda podem ser observados em sua superfície.

Grandes mudanças de temperatura causam ventos muito fortes. Além disso, a erosão do solo produz tempestades de poeira e areia, o que agrava ainda mais a superfície do planeta.

Esta imagem, capturada pela sonda MARINER 9, mostra os CAMPOS DE DUNAS localizados no hemisfério sul. Elas provam o nivelamento CAUSADO PELOS VENTOS. Mas apesar de seu aspecto "TERRESTRE", não há evidências de vida em Marte.

MARTE POSSUI CALOTAS DE GELO POLAR, SEMELHANTES AS DA TERRA, sugerindo a presença de estações. DURANTE O VERÃO, O GELO DERRETE e as calotas polares diminuem de tamanho, enquanto NO INVERNO elas se expandem novamente.

A CONQUISTA DE MARTE

UMA MISSÃO A MARTE

A empresa aeroespacial SpaceX está desenvolvendo uma TECNOLOGIA especial que, segundo eles, pode PERMITIR QUE HUMANOS POUSEM EM MARTE: foguetes reutilizáveis.

A NASA planeja enviar astronautas para a órbita de Marte até a década de 2030. Robôs poderiam construir UMA BASE antes da chegada dos humanos e, então, realizar tarefas como limpar poeira dos painéis solares.

Os futuros habitantes de Marte terão que enfrentar grandes desafios, como alta radiação, mudanças de temperatura e tempestades de poeira.

Desde 2012, o rover Curiosity da NASA vem buscando EVIDÊNCIAS QUÍMICAS que apoiem a existência de vida passada em Marte. "Este é o robô mais sofisticado já enviado a outro planeta", disse o ex-cientista chefe do Curiosity, John P. Grotzinger. Ele não precisa de comida ou água, e nunca se cansa e tira selfies!

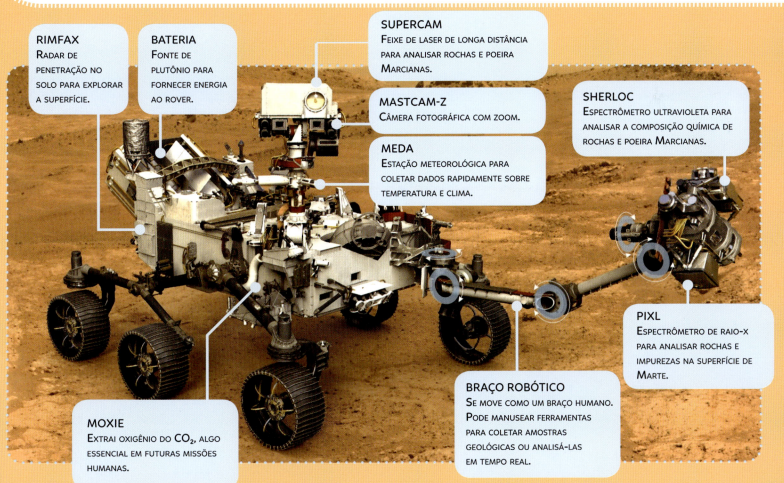

RIMFAX
Radar de penetração no solo para explorar a superfície.

BATERIA
Fonte de plutônio para fornecer energia ao rover.

SUPERCAM
Feixe de laser de longa distância para analisar rochas e poeira Marcianas.

MASTCAM-Z
Câmera fotográfica com zoom.

MEDA
Estação meteorológica para coletar dados rapidamente sobre temperatura e clima.

SHERLOC
Espectrômetro ultravioleta para analisar a composição química de rochas e poeira Marcianas.

PIXL
Espectrômetro de raio-X para analisar rochas e impurezas na superfície de Marte.

BRAÇO ROBÓTICO
Se move como um braço humano. Pode manusear ferramentas para coletar amostras geológicas ou analisá-las em tempo real.

MOXIE
Extrai oxigênio do CO_2, algo essencial em futuras missões humanas.

JÚPITER E SATURNO

JÚPITER

Júpiter é o maior planeta do Sistema Solar. Ele é ainda maior do que todos os outros planetas juntos! Embora seja menor que o Sol, Júpiter poderia abrigar o equivalente a 1.321 planetas como o nosso em seu interior. No entanto, ele é bem leve porque, com exceção de um pequeno núcleo interno rochoso, o restante do planeta é formado por gases.

Júpiter está localizado entre Marte e Saturno e é o quinto planeta do Sistema Solar. Ele está muito longe do Sol, a uma distância cinco vezes maior que a distância entre a Terra e a nossa estrela. Apesar de seu tamanho, gira a uma alta velocidade e um dia em Júpiter dura apenas 10 horas!

TERRA

Fortes tempestades de vento ocorrem na superfície de Júpiter. Elas podem exceder a incrível velocidade de 500 km/h, algo nunca medido na Terra, nem mesmo durante os piores furacões.

A Grande Mancha Vermelha

NUVENS MULTICOLORIDAS

A superfície de Júpiter é formada por **CAMADAS GASOSAS** de cores diferentes de acordo com o gás predominante. Os principais elementos são **HIDROGÊNIO E HÉLIO**. Há também pequenas quantidades de metano, vapor d'água, amônia e sulfato de hidrogênio.

JÚPITER, *o gigante*

TERRA

MANCHA VERMELHA

Júpiter é o maior planeta do Sistema Solar. Ele tem quase duas vezes e meia mais matéria que todos os outros planetas juntos e seu volume é mil vezes maior que o da Terra. Na imagem superior direita, você pode ver os tamanhos relativos de ambos os planetas comparados. Entre os chamados planetas externos ou gasosos, **JÚPITER É O MAIS PRÓXIMO DO SOL**. Ele possui um sistema de anéis tênue, invisível da Terra. Júpiter **TAMBÉM TEM MUITOS SATÉLITES**.

Depois do Sol, **JÚPITER É O MAIOR CORPO CELESTE DO SISTEMA SOLAR**, com uma massa quase duas vezes e meia maior que a dos outros planetas juntos.

JÚPITER EM NÚMEROS

Massa: $1,899 \times 10^{27}$ kg
Distância média do Sol: 778,5 milhões de km
Densidade: 1.336 kg/m³
Área de superfície: $6,41 \times 10^{10}$ km²
Diâmetro: 142.984 km
Gravidade: 24,79 m/s²
Período de rotação: 9 h, 55,5 min
Temperatura média: -121,15 °C

SUA ROTAÇÃO é a mais rápida de todos os planetas do Sistema Solar. **SUA ATMOSFERA** é complexa, com nuvens e tempestades. Por isso, Júpiter apresenta faixas de cores diferentes e algumas manchas.

A Grande Mancha Vermelha

É uma Tempestade maior que o diâmetro da Terra, localizada nas latitudes tropicais do hemisfério sul. Ela existe há 300 anos e causa ventos que sopram a 500 km/h.

Devido ao seu enorme tamanho e brilho, bem como à grande quantidade de **DETALHES** em seu disco, **JÚPITER** é um planeta perfeito para se tirar **FOTOS** astronômicas.

A composição de **JÚPITER** é similar à do **SOL**. Ele é composto por **HIDROGÊNIO, HÉLIO** e pequenas quantidades de **AMÔNIA, METANO, VAPOR D'ÁGUA** e outros compostos.

O nome desse **PLANETA GIGANTESCO** vem do **DEUS ROMANO JÚPITER** ou **ZEUS**, como era chamado pelos gregos.

LUAS DE JÚPITER

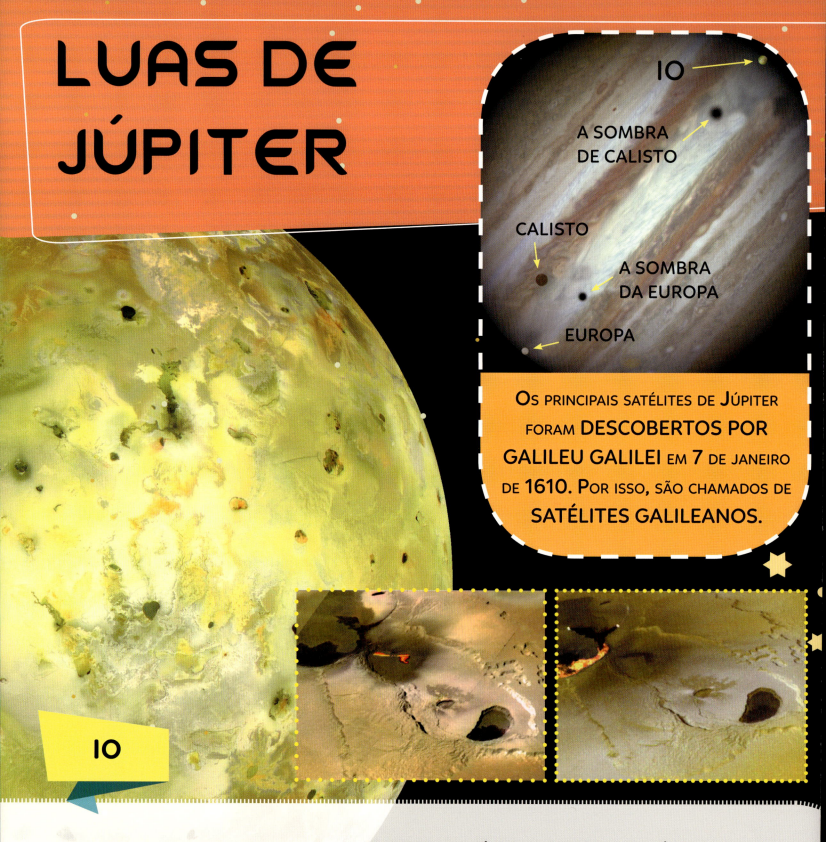

- IO
- A SOMBRA DE CALISTO
- CALISTO
- A SOMBRA DA EUROPA
- EUROPA

Os principais satélites de Júpiter foram **descobertos por Galileu Galilei** em 7 de janeiro de 1610. Por isso, são chamados de **satélites galileanos**.

IO

Io é **o corpo celeste com a maior atividade vulcânica de toda a galáxia**. Foi possível registrar a erupção de um de seus vulcões graças às gravações feitas pela sonda New Horizons.

EUROPA

CALISTO

GANÍMEDES

SATÉLITES DE JÚPITER

Até agora, foram descobertas 95 luas de Júpiter. É um dos planetas com o maior número de satélites no Sistema Solar. Os principais satélites são:

IO: é o mais próximo de Júpiter e sua superfície, rica em enxofre e repleta de crateras, está em constante mudança.

EUROPA: é um dos quatro satélites descobertos em 1610 por Galileu Galilei. Cientistas acreditam que exista um oceano sob sua superfície.

GANÍMEDES: é o maior satélite natural de Júpiter e do Sistema Solar. É também o único com um campo magnético.

CALISTO: é o terceiro maior satélite do Sistema Solar e o segundo no sistema de Júpiter, depois de Ganímedes.

UM PLANETA GASOSO

O CINTURÃO DE ASTEROIDES

Cientistas acreditam que **O NÚCLEO DOS PLANETAS GASOSOS**, como Júpiter, é **FEITO DE ROCHA SÓLIDA MUITO QUENTE**. Ao redor dele, existe uma camada de hidrogênio metálico. Ele é líquido devido à alta pressão, mas quando chega à superfície do planeta, se transforma em vapor e cria **NUVENS DENSAS**.

De acordo com as últimas pesquisas de especialistas da **NASA**, a **GRANDE MANCHA VERMELHA** de Júpiter, que tem o tamanho da Terra e onde os ventos sopram a mais de **500 km/h, ESTÁ REDUZINDO SEU TAMANHO** rapidamente e desaparecerá completamente em apenas vinte anos.

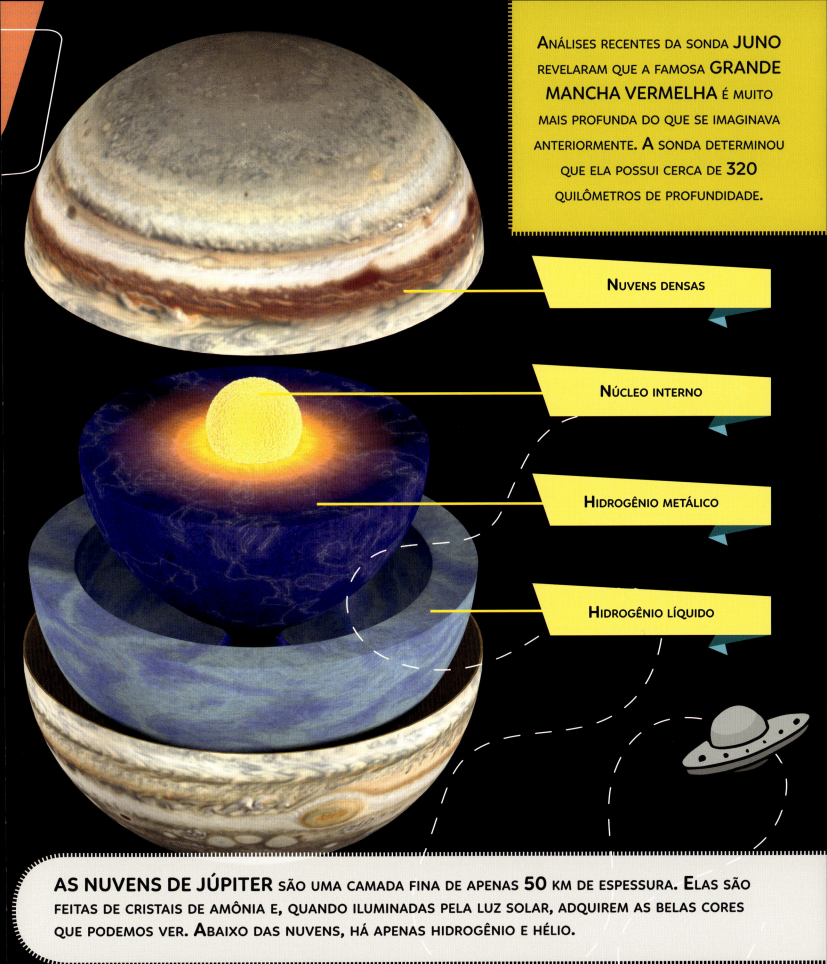

Análises recentes da sonda **Juno** revelaram que a famosa **Grande Mancha Vermelha** é muito mais profunda do que se imaginava anteriormente. A sonda determinou que ela possui cerca de **320** quilômetros de profundidade.

- Nuvens densas
- Núcleo interno
- Hidrogênio metálico
- Hidrogênio líquido

AS NUVENS DE JÚPITER são uma camada fina de apenas **50** km de espessura. Elas são feitas de cristais de amônia e, quando iluminadas pela luz solar, adquirem as belas cores que podemos ver. Abaixo das nuvens, há apenas hidrogênio e hélio.

EXPLORANDO JÚPITER

Embora as **PRIMEIRAS AURORAS EM JÚPITER** tenham sido descobertas pela **VOYAGER 1 em 1979**, é agora que os estudos estão obtendo os melhores resultados. Na década de **1990**, as câmeras do telescópio espacial Hubble fotografaram auroras milhares de vezes mais intensas do que qualquer uma já vista na Terra. **JÚPITER PODE CRIAR SUA PRÓPRIA AURORA BOREAL.** A sonda espacial Juno da NASA está orbitando Júpiter desde **2017** e enviando informações importantes sobre esse fenômeno.

UM ENORME IMÃ

Este planeta gigante e seu campo magnético **COMPLETAM UMA ROTAÇÃO EM TORNO DE SEU EIXO EM MENOS DE 10 HORAS.** Como se sabe, girar um imã é uma ótima maneira de **PRODUZIR ELETRICIDADE.** A rotação de Júpiter produz **10 MILHÕES DE VOLTS** em torno de seus polos, resultando em auroras.

A sonda **JUNO** está estudando especificamente a composição de Júpiter. Ela foi lançada em **5** de agosto de **2011** e, até agora, nos forneceu informações valiosas e belas fotos como as que você pode ver aqui.

SATURNO,
o senhor dos anéis

SATURNO É COMPOSTO POR HIDROGÊNIO (96%) E HÉLIO (3%). É TÃO LEVE QUE É O ÚNICO PLANETA DO SISTEMA SOLAR COM DENSIDADE MENOR QUE A DA ÁGUA, OU SEJA, SE ELE CAÍSSE EM UM LAGO GIGANTE, FLUTUARIA COMO UMA BOLA.

SATURNO É O SEGUNDO MAIOR PLANETA DO SISTEMA SOLAR E O ÚNICO COM ANÉIS VISÍVEIS DA TERRA. É O MENOS DENSO DE TODOS OS PLANETAS E OS VENTOS POR LÁ SOPRAM COM MAIS FORÇA DO QUE UM FURACÃO. SEUS ANÉIS SÃO COMPOSTOS POR BILHÕES DE PARTÍCULAS, VARIANDO DE PEQUENOS GRÃOS DE POEIRA A ENORMES ROCHAS DO TAMANHO DE UMA MONTANHA.

A DIVISÃO DE CASSINI

A

B

SATURNO EM NÚMEROS
MASSA: **5,688 x 10^{26} KG**
DISTÂNCIA MÉDIA DO SOL: **1,418 BILHÕES DE KM**
DENSIDADE: **690 KG/M³**
ÁREA DE SUPERFÍCIE: **4,38 x 10^{16} M²**
DIÂMETRO: **120.536 KM**
GRAVIDADE: **10,44 M/S²**
PERÍODO DE ROTAÇÃO: **10 H, 13 MIN, 59 S**
TEMPERATURA MÉDIA: **−130 °C**

Saturno tem pelo menos 146 satélites equivalentes à nossa Lua. Aqui você pode ver um deles: Titã.

No polo norte de SATURNO, há uma ENORME TEMPESTADE em um estranho formato HEXAGONAL, atingindo uma altura de 600 km. Só para efeito de comparação, as maiores tempestades da Terra não ultrapassam 20 km de altura.

Os principais anéis de Saturno (A, B e C) têm um diâmetro de cerca de 275.000 quilômetros. Os dois maiores são A e B. Entre eles há uma área de 4.800 km: a divisão de Cassini. O corpo principal do sistema de Saturno também inclui o anel C, mais fraco e menos opaco, que fica dentro da borda interna do anel B.

É possível ver SATURNO a olho nu e estudá-lo, mesmo COM TELESCÓPIOS DE CURTO ALCANCE. Isso permitiu que GALILEU identificasse quatro de seus numerosos anéis no século XVII. De qualquer forma, os estudos mais importantes sobre este planeta foram feitos posteriormente durante a missão CASSINI-HUYGENS.

ANÉIS E LUAS

Todos os planetas gasosos têm anéis, mas os que circundam Saturno são os maiores e mais espetaculares, por serem feitos de pedaços de gelo de diferentes tamanhos orbitando o planeta. Alguns não são maiores que grãos de areia, enquanto outros são do tamanho de um carro. Ao longo dos anéis há muitas divisões com quase nenhum material e a maior delas é a DIVISÃO DE CASSINI.

Quando o planeta foi descoberto, o nome SATURNO ainda não havia sido atribuído. Ele recebeu o nome latino do DEUS GREGO CRONOS, que representava o tempo na mitologia grega.

LUAS DE SATURNO

Saturno tem 146 satélites conhecidos. Nesta imagem podemos ver DIONE em primeiro plano, SATURNO COM SEUS ANÉIS logo atrás, MIMAS E TÉTIS na parte inferior direita, ENCÉLADO E RÉIA à esquerda dos anéis de Saturno e TITÃ em sua órbita, ao longe, no canto superior direito.

Os Anéis são largos, mas muito finos. Medem cerca de 250.000 km de diâmetro, mas sua espessura média é de apenas 20 m. A divisão de Cassini mede 4.800 km e, embora seja relativamente transparente, não está completamente vazia.

A parte superior, a borda e a parte inferior dos anéis podem ser vistas da Terra enquanto Saturno orbita ao redor do Sol. Por esse motivo, ao variar a posição relativa em relação a nós, temos a sensação de que os anéis mudam de forma: às vezes eles parecem largos e às vezes estreitos.

De acordo com dados fornecidos pela **SONDA CASSINI**, os anéis de Saturno parecem agir como um escudo protetor para o planeta. Cientistas comprovaram que uma grande quantidade de pequenos asteroides colide com essa barreira, se fragmenta e passa a fazer parte dela.

A SONDA CASSINI-HUYGENS

NOSSOS OLHOS EM SATURNO

Esta sonda foi lançada da Flórida em outubro de 1997 e chegou a Saturno após 7 anos. Ela viajou cerca de 3,5 bilhões de km. A nave espacial, pesando 5,6 toneladas, tem duas partes: o **ORBITADOR CASSINI** e a **SONDA HUYGENS**. Ela tinha 12 experimentos a bordo. Desde sua chegada a Saturno em 2004, ela continuou enviando uma grande quantidade de informações sobre Saturno, seus anéis, luas e campo magnético. **A MISSÃO TERMINOU EM 2017.**

Cassini

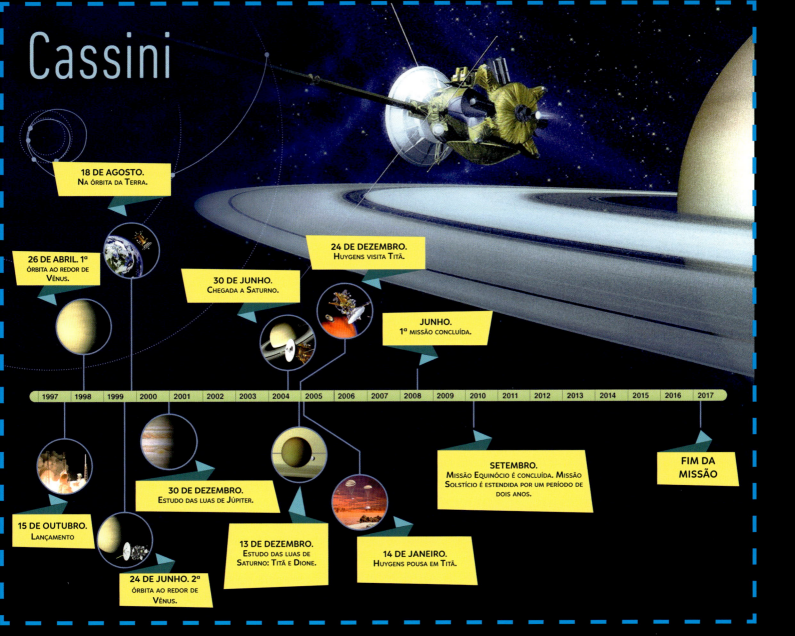

- **18 DE AGOSTO.** Na órbita da Terra.
- **26 DE ABRIL.** 1ª órbita ao redor de Vênus.
- **30 DE JUNHO.** Chegada a Saturno.
- **24 DE DEZEMBRO.** Huygens visita Titã.
- **JUNHO.** 1ª missão concluída.
- **30 DE DEZEMBRO.** Estudo das luas de Júpiter.
- **SETEMBRO.** Missão Equinócio é concluída. Missão Solstício é estendida por um período de dois anos.
- **FIM DA MISSÃO**
- **15 DE OUTUBRO.** Lançamento.
- **24 DE JUNHO. 2ª** órbita ao redor de Vênus.
- **13 DE DEZEMBRO.** Estudo das luas de Saturno: Titã e Dione.
- **14 DE JANEIRO.** Huygens pousa em Titã.

PARTES DA NAVE ESPACIAL CASSINI-HUYGENS

Cassini é a sonda mais cara e complexa já enviada ao espaço até agora.

1. Antena de baixa frequência.
2. Radar.
3. Analisador de partículas.
4. Sonda Huygens que pousará em Titan.
5. Geradores termoelétricos de radioisótopos fornecem energia para 750 W.
6. A Cassini possui dois motores, um de reserva.
7. Sensor remoto.
8. Detector de poeira cósmica.
9. Magnetômetro.
10. Antena de alta frequência.

TITÃ,
a lua de Saturno

Titã é A MAIOR DAS LUA DE SATURNO. Ela tem uma atmosfera densa e é A ÚNICA no Sistema Solar COM NUVENS. Temos muitas informações sobre este satélite graças à sonda CASSINI HUYGENS, que pousou em Titã. Em 14 de janeiro de 2005, a Cassini lançou o MÓDULO HUYGENS em direção a Marte, o qual imediatamente começou a transmitir dados sobre a composição da lua assim que adentrou a atmosfera de Titã.

LAGOS

Huygens encontrou GRANDES LAGOS E MARES DE METANO em Titã. Nas baixas temperaturas de TITÃ, que podem chegar a -179 °C, esse gás se torna LÍQUIDO.

Huygens pousou em TITÃ suspenso por um GRANDE PARAQUEDAS. Enquanto descia, começou a fotografar a superfície do satélite, descobrindo montanhas, vales, canais secos e enormes campos de dunas. A ilustração abaixo representa a costa de Ligeia Mare, um dos mares de metano de Titã.

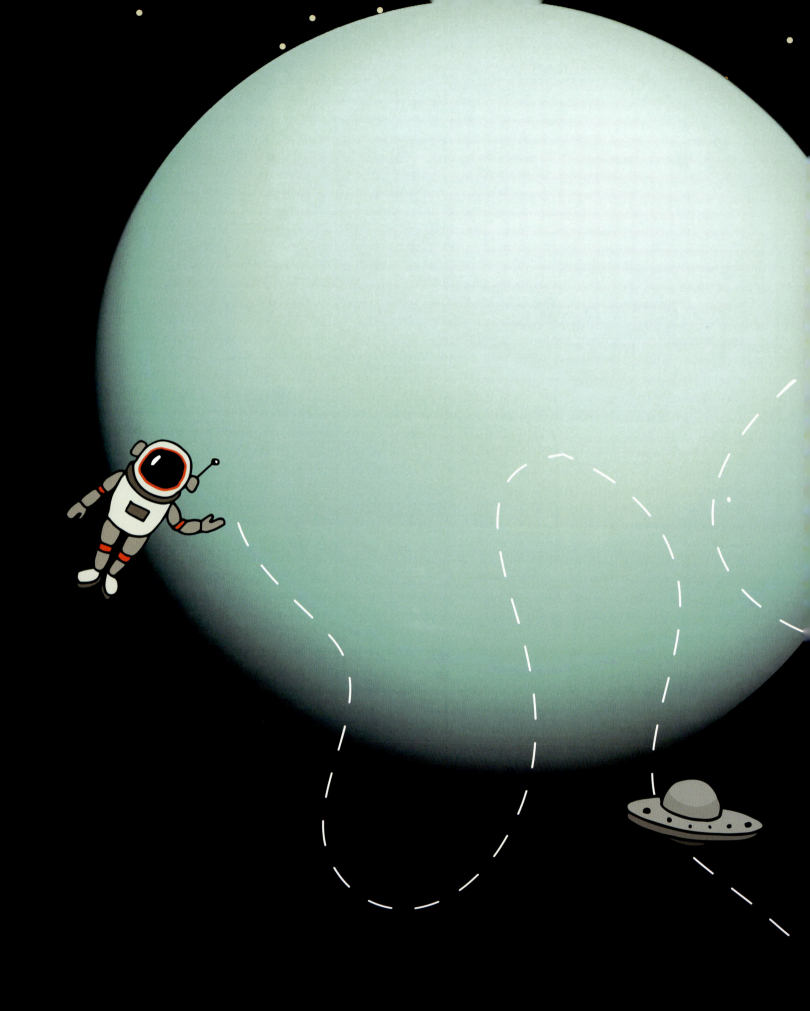

URANO, NETUNO E PLANETAS ANÕES

URANO

É o terceiro maior planeta do Sistema Solar depois de Júpiter e Saturno. Devido à sua posição em relação ao Sol, é o sétimo planeta do Sistema Solar. Ele completa uma órbita ao redor do Sol em 84 anos. Urano aparece como uma grande bola de gás azul.

UM PLANETA ÚNICO

O sistema de Urano tem uma configuração única em relação aos outros planetas devido ao seu eixo de rotação altamente inclinado. Portanto, seus polos norte e sul estão localizados onde o equador está na maioria dos outros planetas.

CÚPIDO

foi descoberto em 2003 e é o menor de todos os satélites internos de Urano: seu diâmetro é de apenas 18 quilômetros.

URANO, como Saturno, tem anéis, mas são muito fracos e difíceis de se ver. Uma coisa excepcional é que **ELES NÃO GIRAM NO PLANO HORIZONTAL**, mas sim no plano vertical. A única explicação que os cientistas encontraram para esse fato é que possivelmente milhões de anos atrás, um objeto colidiu violentamente com o planeta e **CAUSOU UMA "MUDANÇA"**, que alterou sua direção original de rotação.

URANO EM NÚMEROS

Massa: $8,686 \times 10^{25}$ kg
Distância média do Sol: 2.870.972.200 km
Densidade: 1,27 g/cm³
Área de superfície: $8,1156 \times 10^9$ km²
Diâmetro: 51.118 km
Gravidade: 8,69 m/s²
Período de rotação: -17 h, 14 min (retrógrado)
Temperatura média: -195 °C

A bela cor **AZUL-ESVERDEADA** que caracteriza Urano é devido às altas concentrações de **METANO** em sua atmosfera, que filtram o componente vermelho.

DESCOBERTA,
e estrutura

Durante séculos, só conhecíamos os **CINCO PLANETAS** que podiam ser vistos da Terra a olho nu ou com telescópios de curto alcance. Em 1781, **WILLIAM HERSCHEL** (o homem na caixa), utilizando um telescópio novo e poderoso, descobriu o sexto planeta. Ele o chamou de **GEORGIUM SIDUS** ("Estrela de George"), para prestar homenagem ao seu rei, embora o planeta mais tarde fosse renomeado **URANO**.

UM TELESCÓPIO GIGANTE

Quando descobriu Urano, **WILLIAM HERSCHEL** estava utilizando um telescópio construído por ele mesmo. Alguns anos depois, em **1789**, graças a um telescópio enorme, ele descobriu **A SEXTA LUA DE SATURNO, ENCÉLADO**, e pouco depois, **A SÉTIMA, MIMAS**.

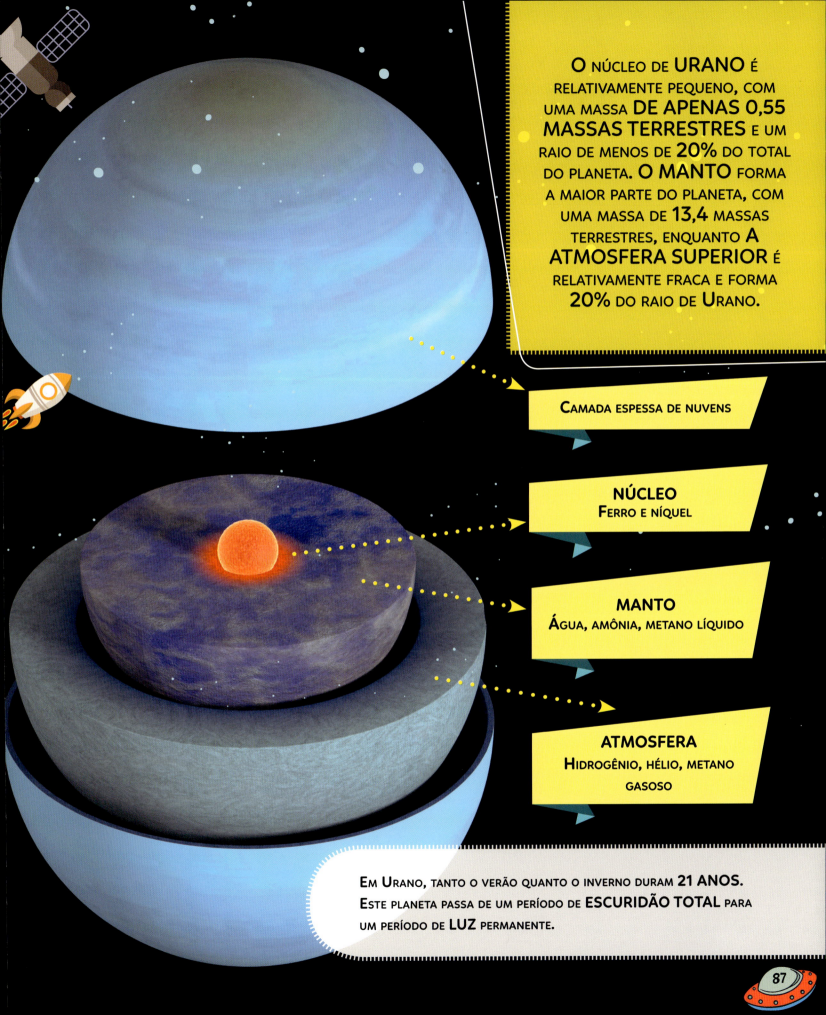

O núcleo de **URANO** é relativamente pequeno, com uma massa **DE APENAS 0,55 MASSAS TERRESTRES** e um raio de menos de **20%** do total do planeta. **O MANTO** forma a maior parte do planeta, com uma massa de **13,4** massas terrestres, enquanto **A ATMOSFERA SUPERIOR** é relativamente fraca e forma **20%** do raio de **Urano**.

Camada espessa de nuvens

NÚCLEO
Ferro e níquel

MANTO
Água, amônia, metano líquido

ATMOSFERA
Hidrogênio, hélio, metano gasoso

Em **Urano**, tanto o verão quanto o inverno duram **21 anos**. Este planeta passa de um período de **ESCURIDÃO TOTAL** para um período de **LUZ** permanente.

O SISTEMA LUNAR

Urano tem 28 satélites conhecidos. Os mais importantes são (em ordem decrescente de tamanho): TITÂNIA, OBERON, UMBRIEL, ARIEL E MIRANDA. Nenhum dos satélites de Urano possui atmosfera. Ao contrário da maioria dos corpos do Sistema Solar, que recebem seus nomes da mitologia, os nomes das luas de Urano vêm da LITERATURA, especialmente das obras de SHAKESPEARE.

TITANIA
- Órbita: 4.335.910 km
- Período orbital: 16 dias
- Gravidade: 1,37 m/s²
- Raio: 2.576 km
- Área: 8,3 × 10 7 km²
- Temperatura: -179,5 °C

OBERON
- Órbita: 583.500 km
- Período orbital: 13,5 dias
- Gravidade: 0,348 m/s²
- Raio: 761 km
- Área: 7.285.000 km²
- Temperatura: -203 / -193 °C

UMBRIEL
- Órbita: 266.000 km
- Período orbital: 4,14 dias
- Gravidade: 0,2 m/s²
- Raio: 585 km
- Área: 4.296.000 km²
- Temperatura: -213 °C

ARIEL
- Órbita: 190.000 km
- Período orbital: 2,5 dias
- Gravidade: 0,269 m/s²
- Raio: 579 km
- Área: 4.211.300 km²
- Temperatura: -215 °C

MIRANDA
- Órbita: 129.390 km
- Período orbital: 1,4 dias
- Gravidade: 0,079 m/s²
- Raio: 236 km
- Área: 700.000 km²
- Temperatura: -213 °C

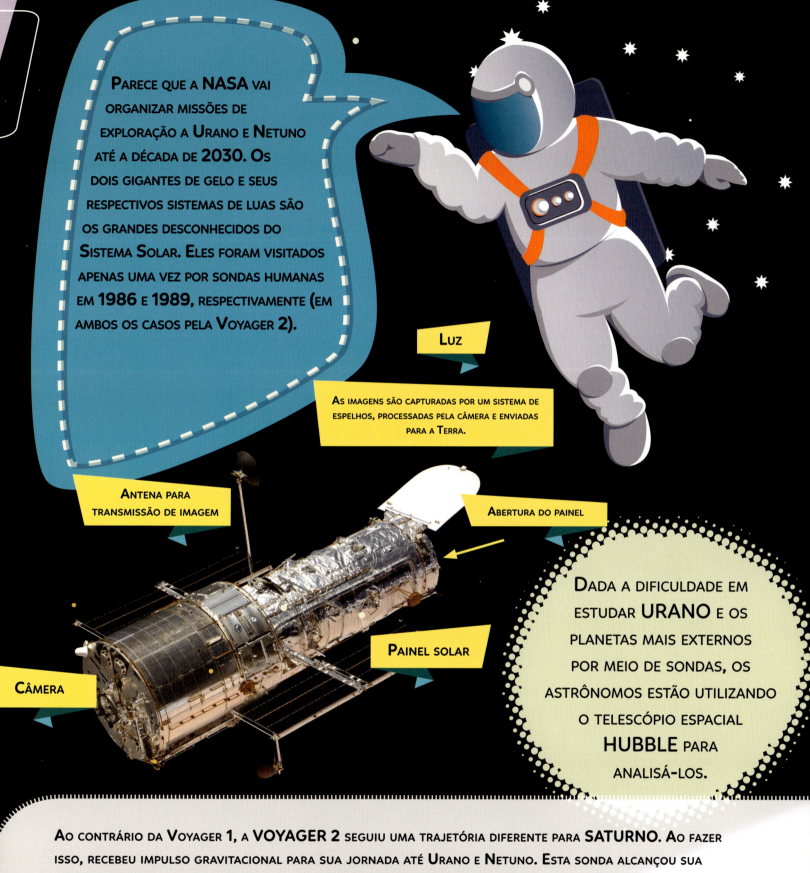

Parece que a NASA vai organizar missões de exploração a Urano e Netuno até a década de 2030. Os dois gigantes de gelo e seus respectivos sistemas de luas são os grandes desconhecidos do Sistema Solar. Eles foram visitados apenas uma vez por sondas humanas em 1986 e 1989, respectivamente (em ambos os casos pela Voyager 2).

Luz

As imagens são capturadas por um sistema de espelhos, processadas pela câmera e enviadas para a Terra.

Antena para transmissão de imagem

Abertura do painel

Painel solar

Câmera

Dada a dificuldade em estudar Urano e os planetas mais externos por meio de sondas, os astrônomos estão utilizando o telescópio espacial Hubble para analisá-los.

Ao contrário da Voyager 1, a VOYAGER 2 seguiu uma trajetória diferente para SATURNO. Ao fazer isso, recebeu impulso gravitacional para sua jornada até Urano e Netuno. Esta sonda alcançou sua maior proximidade com esses planetas em 1986 e 1989, e nos enviou informações valiosas. A NASA está organizando missões especiais para visitar URANO e NETUNO num futuro próximo.

NETUNO

NETUNO É O PLANETA MAIS DISTANTE DO SOL.
Tão distante, que precisa de 165 anos para girar ao redor de nossa estrela. Longe dele, apenas planetas anões, cometas e asteroides foram descobertos. Netuno é um planeta dinâmico, com manchas semelhantes às tempestades de Júpiter. A maior delas, a Grande Mancha Escura, tinha um tamanho semelhante ao da Terra, mas em 1994, quando foi fotografada novamente, já havia desaparecido e outra havia se formado em uma área diferente.

Nuvens

UM PLANETA COM MUITOS VENTOS

NETUNO é atingido por fortes ventos que excedem velocidades de **1.500 KM/H**. Também há **MUITAS TROVOADAS** e grupos de nuvens que se destacam em contraste com sua intensa cor azul. Eles podem medir **MAIS DE 200 KM**.

A estrutura interna de **Netuno** se assemelha à de Urano: um núcleo rochoso coberto por uma crosta de gelo escondida abaixo de uma atmosfera espessa. Os dois terços internos de Netuno são compostos por uma mistura de **rocha derretida, água, amônia líquida** e **metano**. O terço externo é uma mistura de gases aquecidos como hidrogênio, hélio, água e metano.

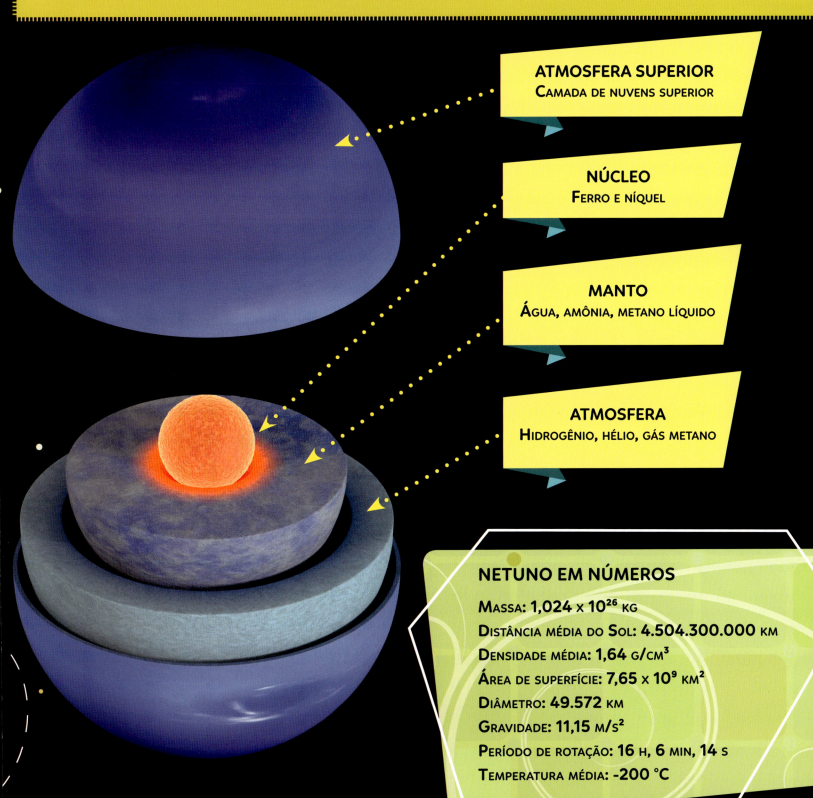

ATMOSFERA SUPERIOR
Camada de nuvens superior

NÚCLEO
Ferro e níquel

MANTO
Água, amônia, metano líquido

ATMOSFERA
Hidrogênio, hélio, gás metano

NETUNO EM NÚMEROS

Massa: $1,024 \times 10^{26}$ kg

Distância média do Sol: 4.504.300.000 km

Densidade média: 1,64 g/cm³

Área de superfície: $7,65 \times 10^9$ km²

Diâmetro: 49.572 km

Gravidade: 11,15 m/s²

Período de rotação: 16 h, 6 min, 14 s

Temperatura média: -200 °C

ANÉIS E LUAS

Tanto **NETUNO** quanto **URANO** têm anéis e muitas luas. Até o momento, os astrônomos descobriram **16 LUAS PARA NETUNO** e **28 PARA URANO**. O maior satélite de Netuno é **TRITÃO** e foi observado logo após a descoberta do planeta. Tritão é **ROCHOSO E MUITO FRIO**. Em sua superfície, as **TEMPERATURAS** podem atingir **-235 °C**. Abaixo você pode ver as características de alguns desses satélites.

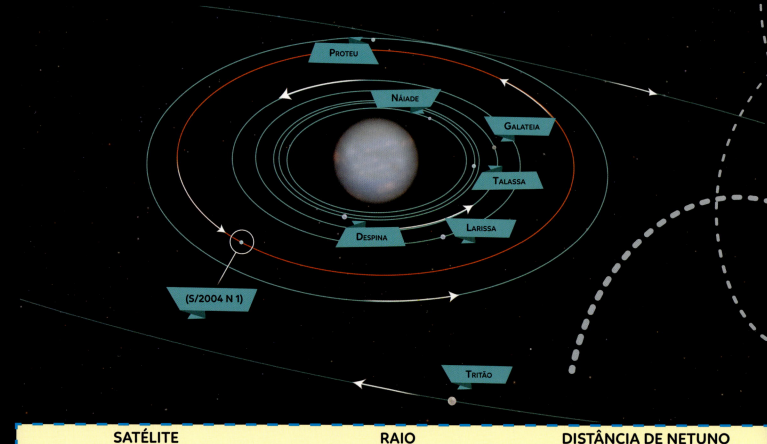

SATÉLITE	RAIO	DISTÂNCIA DE NETUNO
Despina	74 km	52.500 km
Galateia	79 km	62.000 km
Larissa	104 x 89 km (é irregular)	73.600 km
Proteu	200 km	117.600 km
Tritão	1.350 km	354.800 km
Nereida	170 km	5.513.400 km

Tritão possui CRIOVULCÕES que lançam POEIRA, GÁS E ÁGUA a uma altura de até 8 km. Esta MISTURA congela e cai de volta à superfície na forma de NEVE. Quando congela, ela dá ao satélite DIFERENTES TONALIDADES DE CORES.

OS ANÉIS DE NETUNO

Netuno possui um SISTEMA DE ANÉIS PLANETÁRIOS MUITO TÊNUES E FRACOS. Ele é composto principalmente de POEIRA e sua existência foi confirmada em 1989 pela sonda espacial VOYAGER. Até agora, descobrimos cinco anéis, que foram nomeados em homenagem a astrônomos. TRÊS SATÉLITES — Náiade, Talassa e Despina — orbitam entre esses anéis.

PLUTÃO

Há bilhões de anos, PLUTÃO COLIDIU CONTRA um OBJETO, que era vinte vezes maior do que o asteroide que matou OS DINOSAUROS. O impacto formou UMA ENORME CRATERA cheia de gelo. Sua acumulação e o EFEITO GRAVITACIONAL DE CARONTE, a maior lua de Plutão, fizeram com que o planeta MUDASSE A INCLINAÇÃO de seu eixo de rotação. PLUTÃO pode ter um OCEANO SUBTERRÂNEO composto principalmente de ÁGUA.

UM PLANETA DUPLO?

Outra característica de Plutão é que ele tem uma LUA COBERTA POR GELO. Ela gira muito próxima e em conjunto com o planeta, o que leva os cientistas a acreditarem que Plutão pode ser um PLANETA DUPLO.

A sonda NEW HORIZONS foi lançada do Cabo Canaveral em 19 de janeiro de 2006. Ela viajou PRIMEIRO PARA JÚPITER, onde chegou em fevereiro de 2007. Então, alcançou o ponto mais próximo de Plutão em 14 de julho de 2015. Depois de partir de Plutão, a sonda provavelmente sobrevoará um ou dois objetos da FAIXA DE KUIPER, uma região além da órbita de Netuno.

Há radioatividade suficiente no núcleo rochoso de **PLUTÃO** para derreter uma camada de gelo de cerca de **100 km de espessura**.

O TOM VERMELHO ESCURO de suas áreas equatoriais se deve a compostos orgânicos produzidos quando **A LUZ DO SOL ATINGE O METANO** e outros elementos na superfície do planeta.

HÁ ÁGUA EM PLUTÃO?

Com base em fotografias e dados enviados pela sonda, os cientistas deduziram que **SOB A** crosta de gelo, **HÁ UM MAR DE ÁGUA** que poderia conter **ALGUM TIPO DE VIDA**. Alguns pesquisadores consideram a possibilidade de que este planeta também tenha uma camada de **MATERIAL ORGÂNICO** abaixo de sua superfície, composta por uma substância espessa e quente, semelhante a betume.

ÉRIS E CERES

Todos os planetas anões são menores do que a Lua. Éris, o maior deles, é um pouco maior do que Plutão, enquanto Ceres é tão grande quanto a terça parte da nossa Lua.

O que sabemos sobre Éris?

Éris às vezes está tão longe do Sol que sua atmosfera congela e cai em sua superfície, formando uma camada de gelo muito brilhante. Os astrônomos acreditam que as temperaturas variam entre -217 e -243 °C, mas não se sabe ao certo, pois até agora, nenhuma sonda ou espaçonave a alcançou. O planeta leva 557 anos para completar uma órbita ao redor do Sol e, à medida que se aproxima, sua superfície irá descongelar. Os cientistas acreditam que Éris mostrará uma crosta rochosa semelhante à de Plutão.

Ceres é o maior objeto astronômico do Cinturão de Asteroides, uma região do Sistema Solar entre as órbitas de Marte e Júpiter. É também o único planeta anão cuja trajetória está inteiramente dentro da órbita de Netuno.

ELE FOI DESCOBERTO EM 1º DE JANEIRO DE 1801 POR GIUSEPPE PIAZZI E NOMEADO EM HOMENAGEM A CERES, DEUSA ROMANA DA AGRICULTURA, COLHEITA DE GRÃOS E FERTILIDADE.

UMA SONDA PARA CERES

A SONDA **DAWN** DA **NASA** ENTROU NA ÓRBITA DE **CERES** EM **6** DE MARÇO DE **2015**. A CAPTURA DE IMAGENS COMEÇOU EM JANEIRO, QUANDO A ESPAÇONAVE SE APROXIMOU **DO PLANETA ANÃO**. A SONDA CAPTUROU IMAGENS COM UMA RESOLUÇÃO JAMAIS ALCANÇADA. ELAS MOSTRAM A SUPERFÍCIE DE CERES **CHEIA DE CRATERAS**.

ASTEROIDES, COMETAS E METEORITOS

ASTEROIDES

Asteroides são **GRANDES BLOCOS DE PEDRA OU METAL ORBITANDO AO REDOR DO SOL.** Os primeiros foram descobertos há mais de **200** anos entre Marte e Júpiter. A nova área foi chamada de **"CINTURÃO DE ASTEROIDES",** devido ao grande número desses objetos espaciais nele.

MINERAÇÃO ESPACIAL

A EXTRAÇÃO DE MINERAIS de asteroides que orbitam perto da Terra representa uma possibilidade de obter elementos necessários para a indústria moderna. Vários elementos químicos na Terra, incluindo **OURO E PRATA, ESTÃO SE ESGOTANDO.** Embora possa parecer ficção científica, alguns cientistas propuseram obter tais recursos de asteroides.

A EXTINÇÃO DOS DINOSAUROS

A maioria dos cientistas acredita que os dinossauros foram extintos como resultado DA QUEDA DE UM ENORME ASTEROIDE em uma região próxima ao Golfo do México. O impacto na Terra causou uma nuvem de poeira tão grande e espessa que COBRIU O SOL POR MESES. Como os répteis não conseguem regular sua temperatura corporal, OS DINOSAUROS MORRERAM DEVIDO AO CLIMA EXTREMAMENTE FRIO.

GASPRA foi o primeiro asteroide analisado por uma sonda. Depois de passar um ano estudando o asteroide Eros, a sonda NEAR foi a primeira a pousar suavemente em um asteroide, mesmo que não tivesse sido projetada para isso.

O CINTURÃO DE ASTEROIDES

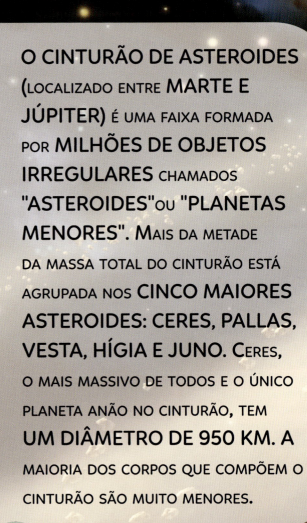

O CINTURÃO DE ASTEROIDES (LOCALIZADO ENTRE MARTE E JÚPITER) É UMA FAIXA FORMADA POR MILHÕES DE OBJETOS IRREGULARES CHAMADOS "ASTEROIDES" OU "PLANETAS MENORES". MAIS DA METADE DA MASSA TOTAL DO CINTURÃO ESTÁ AGRUPADA NOS CINCO MAIORES ASTEROIDES: CERES, PALLAS, VESTA, HÍGIA E JUNO. CERES, O MAIS MASSIVO DE TODOS E O ÚNICO PLANETA ANÃO NO CINTURÃO, TEM UM DIÂMETRO DE 950 KM. A MAIORIA DOS CORPOS QUE COMPÕEM O CINTURÃO SÃO MUITO MENORES.

EM 8 DE SETEMBRO DE 2016, A NASA LANÇOU A SONDA OSIRIS-REX EM DIREÇÃO AO ASTEROIDE BENNU. ELA ORBITARÁ AO REDOR DO ASTEROIDE, FARÁ MAPAS DETALHADOS DE SUA SUPERFÍCIE, COLETARÁ AMOSTRAS E AS TROUXE DE VOLTA À TERRA EM 2023.

Se um asteroide **estiver muito próximo de um planeta**, ele pode **ficar preso em sua órbita** e se tornar um **satélite**. Acredita-se que **as luas de Marte** tenham sido formadas por corpos vindos do Cinturão de Asteroides.

OS ASTEROIDES COLIDEM ENTRE SI?

Devido ao alto número de asteroides no Cinturão Principal, as colisões são frequentes em escalas de tempo astronômicas. Estima-se que **a cada 10 milhões de anos**, ocorra uma colisão entre asteroides com um raio de mais de **10 km**. Isso produz asteroides menores e poeira, resultando em luz zodiacal.

COMETAS

Um cometa é uma **GRANDE BOLA DE GELO, POEIRA E PEDRAS** que pode ser do tamanho de uma cidade. À medida que se aproximam do Sol, os cometas começam a se desintegrar e formar uma nuvem de gás e poeira no formato de uma cauda, que o vento solar empurra para longe do Sol.

COMA: é a nuvem de **GÁS E POEIRA** que cerca o núcleo de um cometa.

CAUDA DE POEIRA: é formada por materiais liberados do núcleo. Eles passam de um estado **SÓLIDO** para um estado **GASOSO** e liberam energia na forma de luz.

NÚCLEO: é a **PARTE CENTRAL E MAIS BRILHANTE** do cometa. Componentes iônicos e poeira são expelidos do núcleo em direção à coma e à cauda devido ao efeito do vento solar e da radiação.

COMETAS FAMOSOS

- **HALLEY:** Em 1705, o astrônomo inglês Edmond Halley estabeleceu que este cometa orbita o Sol a cada 76 anos, em média. Ele também previu que Halley voltaria em 1758, o que realmente aconteceu, embora ele não pudesse verificar pois faleceu em 1742.

- **SHOEMAKER-LEVY:** Em julho de 1994, este cometa colidiu com Júpiter e produziu grandes cicatrizes escuras na atmosfera do planeta.

- **HALE-BOPP:** Pôde ser observado a olho nu por 18 meses. Foi descoberto em 23 de julho de 1995.

- **TEMPEL 1:** Em 2005, a sonda espacial Deep Impact da NASA lançou um projétil em direção ao cometa Tempel 1. Seu objetivo era criar uma enorme cratera no cometa, avançando assim na descoberta da formação do universo.

- **WILD 2:** Outro objetivo importante foi alcançado pela sonda Stardust da NASA, que coletou partículas de poeira da cauda do Cometa Wild 2 e as trouxe de volta à Terra. A análise dessas partículas permitiu confirmar que os cometas são mais complexos do que se pensava anteriormente.

> A CAUDA DE UM COMETA pode medir milhões de quilômetros. Ela é composta por GÁS E POEIRA liberados do núcleo. Os cometas normalmente MUDAM DE TAMANHO E DIREÇÃO ao longo do tempo.

CHUVAS DE METEOROS

ONDE PROCURAR?

Durante uma chuva de meteoros (ou **ESTRELAS CADENTES**), é possível observar os meteoros riscando o céu como se irradiassem de um único ponto: o **RADIANTE**. Cada radiante (o ponto de onde os meteoros parece convergir) está localizado na constelação que dá nome à **CHUVA DE METEOROS**. Por exemplo, o radiante da chuva **GEMÍNIDAS** está localizado na constelação de **GÊMEOS**, próximo a **CASTOR**, uma das **ESTRELAS MAIS BRILHANTES DO CÉU NOTURNO**.

Se a **TERRA** passar perto da cauda de um cometa, podemos ver um número maior de meteoros. Isso é conhecido como "**CHUVA DE METEOROS**" e ocorre em datas fixas.

COMO FOTOGRAFÁ-LAS

Vá para um local o mais afastado possível de fontes de luz. Coloque a câmera em um tripé e utilize uma lente grande angular (**16 ou 28mm**). Ajuste a sensibilidade da câmera para **ISO 1600** e defina o tempo de exposição entre **20 e 35** segundos (faça testes para ver o que funciona melhor).

PRINCIPAIS CHUVAS DE METEOROS

QUADRÂNTIDAS. É considerada uma das chuvas de meteoros mais espetaculares, mas só pode ser vista no hemisfério norte. O pico está previsto para a noite de 03/01. Acontece de 1 a 6 de janeiro.

LÍRIDAS. É uma chuva de meteoros de intensidade média, visível de ambos os hemisférios, embora seja um pouco mais fraca no hemisfério sul. Acontece de 16 a 25 de abril.

PERSEIDAS. Pode ser vista em ambos os hemisférios de 17 de julho a 24 de agosto. Sem dúvida, é a mais espetacular, com uma taxa de mais de 100 meteoros visíveis por hora.

ORIÔNIDAS. É uma chuva de meteoros de média intensidade com uma taxa de apenas 20 meteoros visíveis por hora. Acontece de 4 de outubro a 14 de novembro.

LEÔNIDAS. A cada 33 anos, ocorre um pico de até 100 meteoros por hora, de 5 a 30 de novembro em ambos os hemisférios. O último grande pico aconteceu em 2001, então agora teremos que esperar até 2034.

GEMÍNIDAS. Para muitos astrônomos, a Gemínidas é considerada a rainha das chuvas de meteoros, com picos de até 120 meteoros por hora. Elas acontecem de 4 a 16 de dezembro, sendo visível nos dois hemisférios.

Se quiser saber quando a próxima chuva de meteoros poderá ser vista em sua região, procure na Internet por "CALENDÁRIO DE CHUVA DE METEOROS" e o ano.

AS LÁGRIMAS DE SÃO LOURENÇO

É a mais conhecida de todas as chuvas de meteoros. Também chamada de Perseidas, ocorre entre **17 DE JULHO E 24 DE AGOSTO**.

METEOROS são causados pela entrada de fluxos de detritos cósmicos na atmosfera terrestre a **VELOCIDADES MUITO ALTAS**. Partículas menores se consomem na atmosfera, originando as **ESTRELAS CADENTES**. Já fragmentos maiores podem produzir bolas de fogo impressionantes.

A ORIGEM DO UNIVERSO

FOI UM BIG BANG?

A verdade é que não se sabe como o universo começou. De acordo com a teoria do **BIG BANG**, o universo que conhecemos teve origem há **13,7** bilhões de anos durante uma **EXPANSÃO CÓSMICA** maciça que ejetou matéria em todas as direções.

NOVAS TEORIAS

Um estudo conduzido por físicos da Universidade da Carolina do Norte afirma que "NÃO HOUVE BIG BANG": simplesmente o UNIVERSO SE EXPANDE E CONTRAI um número infinito de vezes, eliminando assim o início ou o fim do tempo.

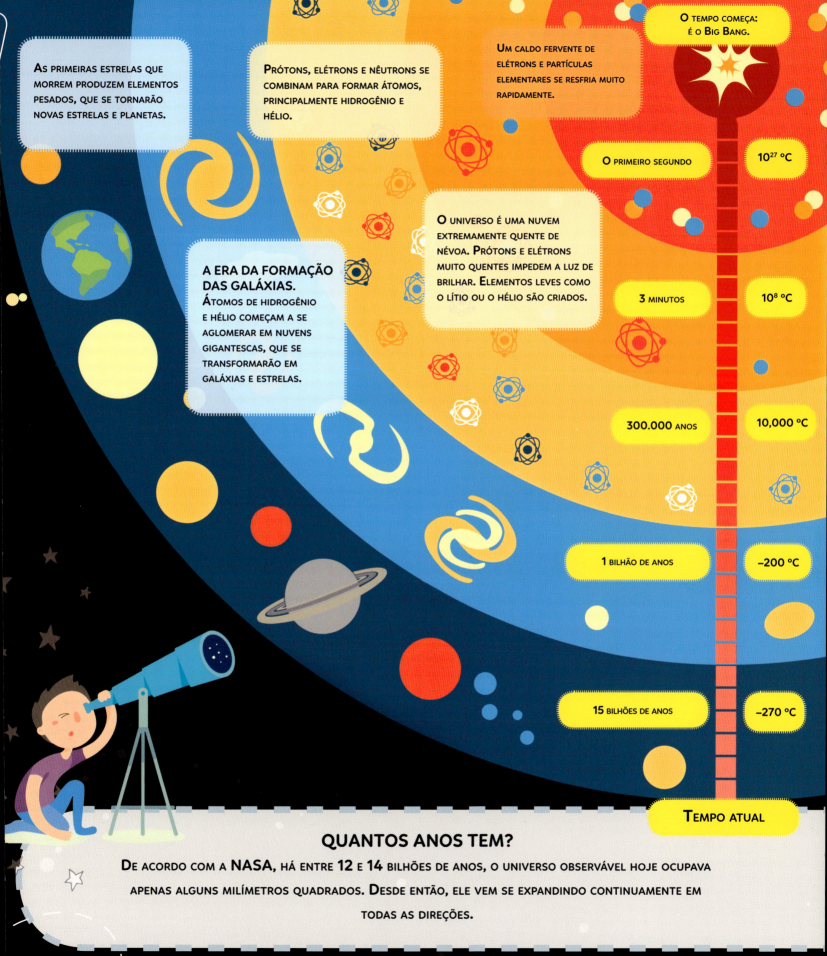

NOSSA GALÁXIA, a Via Láctea

Olhando para o céu, todas as estrelas que você vê fazem parte da Via Láctea, a galáxia que chamamos de lar. É uma galáxia espiral clássica, e o Sol, assim como seus planetas (incluindo a Terra), reside em um de seus braços, a meio caminho do centro. A Via Láctea tem a forma de uma imensa espiral girando a cada 200 milhões de anos. É composta por 200 a 400 bilhões de estrelas, além de poeira e gás, e é tão vasta que a luz leva 100.000 anos para atravessá-la de um lado ao outro.

Os gregos batizaram nossa galáxia de "Via Láctea". Segundo a mitologia deles, a Via Láctea surgiu do LEITE derramado do seio da deusa HERA enquanto amamentava seu filho HÉRACLES.

Não podemos ver nossa própria galáxia, mas, em comparação com outras, assumimos que ela tem uma forma semelhante ao desenho do lado direito. Vivemos **em um dos seus braços.**

Ele se estende por cerca de **100.000 anos-luz** de diâmetro e contém entre **200 e 400 bilhões de estrelas.**

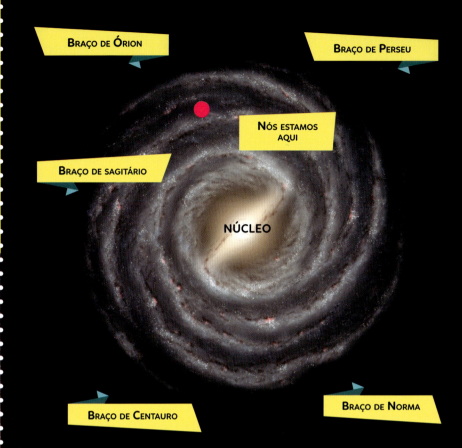

Braço de Órion • Braço de Perseu • Nós estamos aqui • Braço de Sagitário • Núcleo • Braço de Centauro • Braço de Norma

ONDE VOCÊ PODE VÊ-LA?

Você pode ver **a Via Láctea** à noite a partir de qualquer lugar com pouca luz. Após alguns minutos, quando seus olhos se acostumarem à escuridão, olhe para o céu e verá **uma faixa maior de estrelas** mais escura em direção à sua parte interna, como a da foto acima.

Os cientistas acham que **no centro da Via Láctea**, há um enorme **buraco negro** devorando qualquer coisa que chegue muito perto dele.

OUTRAS GALÁXIAS
e suas formas

As galáxias espirais são discos rotativos de estrelas e matéria interestelar com uma protuberância central formada principalmente por estrelas mais velhas. Dessa protuberância, alguns braços se estendem em forma espiral com diferentes brilhos. Aqui podemos ver a galáxia M77, uma galáxia espiral barrada a cerca de 47 milhões de anos-luz da nossa, localizada na constelação de Cetus. A Via Láctea, nossa galáxia, também é uma galáxia espiral barrada.

GALÁXIAS LENTICULARES

Uma galáxia lenticular é um tipo de galáxia entre uma elíptica e uma galáxia espiral. A galáxia do Sombrero (também conhecida como NGC 4594) é um exemplo típico de galáxia lenticular. Está localizada na constelação de Virgem, a uma distância de 28 milhões de anos-luz da Terra.

GALÁXIAS IRREGULARES

Galáxias irregulares NÃO TÊM FORMA ESPECÍFICA. Elas estão entre as menores galáxias e são CHEIAS DE GÁS E POEIRA, o que significa que têm uma grande quantidade de estrelas em formação dentro delas. Um bom exemplo é a GALÁXIA CHARUTO OU M82.

GALÁXIAS ELÍPTICAS

Elas são chamadas assim porque têm formato ELÍPTICO: lembram o formato de grandes ovos embaçados ou bolas de rúgbi. As maiores galáxias SÃO GIGANTES ELÍPTICAS. Acredita-se que a maioria das galáxias elípticas seja resultado da COLISÃO E FUSÃO de galáxias menores. A que podemos ver aqui é Centaurus A, também conhecida como NGC 5128.

BURACOS NEGROS E NEBULOSAS

Buracos negros NÃO SÃO VAZIOS! Eles concentram A MAIOR QUANTIDADE DE MATÉRIA NO MENOR ESPAÇO POSSÍVEL. Essa compactação gera uma GRANDE FORÇA GRAVITACIONAL, tão poderosa que NEM MESMO A LUZ consegue escapar.

UMA FOTO DE UM BURACO NEGRO

Em abril de 2019, vários cientistas anunciaram que um buraco negro tinha finalmente sido fotografado. A imagem foi tirada pelo Event Horizon Telescope (EHT) durante um período de dez dias e aparentemente mostra Sagitário A, o buraco negro supermassivo localizado no centro de nossa galáxia, a Via Láctea.

O QUE É UMA NEBULOSA?

Nebulosas são ESTRUTURAS FEITAS DE GÁS E POEIRA INTERESTELAR. Dependendo de serem mais ou menos densas, são visíveis ou não da Terra. Atualmente, temos fotografias maravilhosas de muitas delas GRAÇAS AO Telescópio Espacial HUBBLE. Aqui acima você pode ver o chamado Olho de Deus, na constelação de Aquário. Aqui abaixo está um fragmento da Nebulosa da Águia, a cerca de 7.000 anos-luz da Terra. E, na parte inferior, está a Nebulosa Cabeça de Cavalo ou Barnard 33, uma nuvem de gás fria e escura, localizada a cerca de 1.500 anos-luz da Terra, ao sul da extremidade esquerda do Cinturão de Órion.

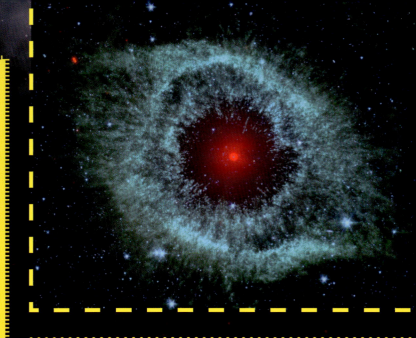

PLANETAS E DEUSES

MERCÚRIO ERA O DEUS DO COMÉRCIO, FILHO DE JÚPITER E MAIA. ELE TAMBÉM ERA CONSIDERADO O MENSAGEIRO DOS DEUSES E POR ESSE MOTIVO É REPRESENTADO COM OS PÉS ALADOS.

MERCÚRIO

VÊNUS ERA ORIGINALMENTE A DEUSA ROMANA DOS JARDINS E CAMPOS. MAIS TARDE, ELA SE TORNOU EQUIVALENTE A AFRODITE, A DEUSA GREGA DO AMOR E DA BELEZA.

VÊNUS

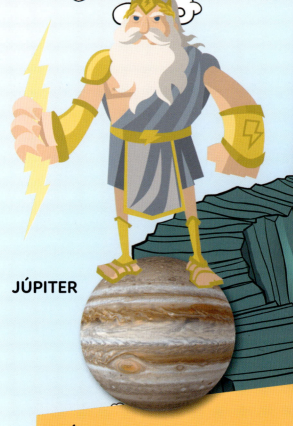

JÚPITER

JÚPITER ERA O DEUS DOS CÉUS E TROVÕES E O REI DOS DEUSES NA ANTIGA RELIGIÃO E MITOLOGIA ROMANA.

DE ACORDO COM A MITOLOGIA ROMANA, **MARTE** ERA O DEUS DA GUERRA, FILHO DE JÚPITER E JUNO. ELE ERA REPRESENTADO COMO UM GUERREIRO USANDO SUA ARMADURA E UM CAPACETE.

MARTE

Na mitologia romana, SATURNO era o deus da agricultura e da colheita. Segundo a lenda, ele devorava seus próprios filhos para que não o matassem.

SATURNO

Na mitologia clássica, URANO era o deus do céu. Na mitologia grega, ele foi personificado como o filho e marido de Gaia, a Mãe Terra. Ambos eram ancestrais da maioria dos deuses gregos.

URANO

NETUNO governava as águas e os mares. Ele cavalgava as ondas em cavalos brancos e reinava sobre todos os habitantes das águas. Ele é representado armado com um tridente.

NETUNO

GLOSSÁRIO

Ano-luz: Distância que a luz, ou qualquer outra onda eletromagnética, pode percorrer em um ano. É, portanto, uma unidade de distância equivalente a aproximadamente $9{,}46 \times 10^{12}$ km.

Asteroide: Uma grande rocha espacial, mas não grande o suficiente para ser considerada um planeta.

Astronauta: Membro da tripulação de uma nave espacial que viaja ao espaço para realizar experimentos e estudar o cosmos.

Astrônomo: Cientista que estuda o Sistema Solar, estrelas e galáxias.

Atmosfera: Camada de gases que cobre um planeta ou um satélite natural.

Big Bang: Grande explosão que, de acordo com algumas teorias, deu origem ao universo.

Cinturão de Asteroides: Região do Sistema Solar, localizada entre Marte e Júpiter, que abriga uma quantidade enorme de asteróides e o planeta anão Ceres.

Cometa: Corpo celeste formado por rochas, gelo e poeira.

Constelação: Conjunto de estrelas agrupadas sob o mesmo nome que, de acordo com civilizações antigas, formam figuras no céu.

Cosmos: Sinônimo de universo.

Cratera: Buraco causado pelo impacto de um meteorito ou elevação no terreno criada por uma erupção vulcânica.

Dióxido de carbono: Gás incolor necessário para que as plantas realizem a fotossíntese. Sua fórmula é CO^2.

Eclipse: Obscurecimento temporário de um corpo celeste por outro.

Eixo: Linha reta imaginária em torno da qual um corpo celeste, por exemplo, um planeta ou satélite natural, gira.

Energia: Capacidade de um corpo realizar uma ação ou causar uma mudança. Manifesta-se quando passa de um corpo para outro.

Equador: Círculo imaginário que divide um corpo

celeste em duas partes iguais.

Estação Espacial Internacional: Complexo espacial localizado a 408 km da Terra e financiado por vários países. Sua missão é estudar o Sistema Solar em profundidade.

Gasoso: Estado da matéria em que uma substância não é sólida nem líquida. Ela não possui forma definida e tende a ocupar o espaço que a contém.

Gravidade: Fenômeno natural pelo qual objetos com massa são atraídos uns pelos outros. É um efeito principalmente observável na interação entre planetas, galáxias e outros objetos do universo.

Hidrogênio: O mais leve de todos os gases. Seu símbolo químico é H.

Imã: Pedaço de metal capaz de atrair outros metais chamados ferromagnéticos, como ferro, cromo ou cobalto. Uma agulha magnetizada sempre aponta para o norte, então esta propriedade é utilizada em bússolas.

Lava: Rocha derretida extremamente quente expelida por um vulcão, que se solidifica ao sair do interior dele.

Magma: Material que forma o núcleo da maioria dos planetas e satélites. É submetido a altíssimas temperaturas e pressões, tornando-se líquido.

Mares lunares: Regiões muito planas da Lua, com aparência semelhante a mares.

Metano: Gás altamente inflamável. Sua fórmula é CH^4.

Meteorito: Fragmento de rocha ou metal que atinge a superfície de um planeta porque não se desintegra completamente ao atravessar a atmosfera. O brilho produzido durante a desintegração é chamado "meteoro".

Ônibus espacial: Tipo especial de espaçonave que permite o retorno dos astronautas à Terra por meio de aterrissagem. Podia ser reutilizada em outras missões. Deixaram de ser utilizadas após alguns acidentes graves. O Discovery foi o primeiro de três ônibus espaciais ativos a se aposentar, completando sua última missão em 9 de março de 2011.

Órbita: Trajetória de um planeta ao redor do Sol ou de um satélite ao redor de um planeta.

Orbitar (verbo): Mover-se em torno de um corpo maior, sempre seguindo a mesma trajetória.

Oxigênio: Gás incolor e inodoro presente no ar, na água, nos seres vivos e na maioria dos compostos orgânicos e inorgânicos; é essencial para a respiração. Sua fórmula é O^2.

Painel solar: Dispositivo que capta a energia da radiação solar para o seu aproveitamento.

Planeta: Corpo celeste que não brilha com luz própria e que gira ao longo de uma órbita elíptica em torno de uma estrela, particularmente aquelas que diferentes tipos de satélites artificiais: meteorológicos, de comunicação, espiões etc.

Satélite natural: Também chamados de "luas", são corpos celestes que orbitam em torno de um corpo maior, geralmente um planeta.

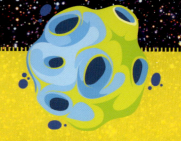

Sonda espacial: Nave espacial não tripulada enviada ao espaço para obter informações sobre a composição de corpos celestes.

Telescópio Espacial Hubble: Telescópio que orbita fora da atmosfera, em uma órbita circular ao redor da Terra, a 593 km acima do nível do mar. Seu período orbital é de entre 96 e 97 minutos. Ele tem nos fornecido fotos incríveis de estrelas, galáxias e nebulosas, algumas localizadas a centenas de anos-luz da Terra.

Telescópio: Instrumento óptico que permite a observação de objetos localizados a grandes distâncias.

Tempestade: Perturbação atmosférica violenta que reúne ventos fortes e precipitação intensa. É causada pela colisão de massas de ar com diferentes temperaturas, o que provoca a formação de nuvens carregadas, trovões, raios e fortes chuvas.

Trânsito: Passagem de um corpo celeste na frente de outro.

Universo: Todo o conjunto de objetos celestes encontrados no espaço, e o próprio espaço. É muito grande, mas não infinito. Se fosse, haveria matéria infinita em estrelas infinitas, o que não ocorre. Pelo contrário, em relação à matéria, o universo é principalmente um espaço vazio.

Via Láctea: A galáxia espiral na qual o nosso Sistema Solar está localizado.

Vulcão: Estrutura geológica por onde o magma emerge e se divide em lava e gases provenientes do interior da Terra. A ascensão do magma ocorre durante períodos de atividade violenta chamadas erupções. Séculos podem passar entre uma erupção e outra.

ÍNDICE

Apolo 21, 24
Ariel 88
Asteróides 6, 7, 20, 25, 35, 70, 77, 90, 99, 102, 103, 104
Astronautas 19, 21, 24, 25, 60
ATMOSFERA
    Éris 98
    Júpiter 66, 107
    Marte 55, 58
    Mercúrio 34
    Netuno 91
    a Terra 22, 45, 49, 109
    Titã 80
    Urano 85, 87, 88
    Vênus 41, 27
    Outono 48, 53

Big Bang 112, 113

Calisto 68, 69
Caloris, bacia 31, 34
Cassini-Huygens, sonda 27, 75, 78, 79, 80
Ceres 98, 99, 104
Caronte 96
Cinturão de Asteróides 6, 70, 99, 102, 104, 105
COMETA
    Hale-Bopp 107
    Halley 107
    Shoemaker-Levy 107
    Tempel 1 107
    Wild 2 107
Cometas 7, 30, 35, 90, 106, 107
NÚCLEO
    Júpiter 64, 70, 71
    Mercúrio 35
    Via Láctea 115
    Netuno 91
    Plutão 97
    a Terra 46
    o Sol 14
    Urano 87
Coroa 10, 14, 17, 27
CRATERAS
    Io 69
    Marte 55, 57
    Mercúrio 30, 34, 35
    a Lua 20, 21
    Vênus 36
CROSTA
    Plutão 97
    a Terra 46, 47

Deimos 55
Despina 92
planetas anões 7, 94, 95, 98
eclipse 16, 17, 22, 23, 38
energia 11, 12, 13, 15, 47, 106, 123
Éris 94, 95, 98
Eros 103
Europa, satélite 68, 69
Europa, continente 25, 38, 53

Galateia 92
Galileu Galilei 15, 68, 69, 75
Galileu, sistema 51
Ganímedes 69
planetas gasosos 70, 76
Gaspra 103
Gemínidas 108, 109
Grande Mancha Escura 90
Grande Mancha Vermelha 65, 67, 71

Halley, Edmond 107
Herschel, Willian 86
Hubble, telescópio espacial 72, 89, 119, 124
Huygens, sonda 78, 79

GELO
    Cometas 106
    Marte 59
    Mercúrio 34
    Netuno 89, 91
    Plutão 96, 97
    Saturno 76
    a Terra 52
    Urano 89
    Espaço Internacional
    Estação 25
    Io 68, 69

Juno 104
    Deusa 120
    Sondas 71, 72, 73
    Júpiter 6, 27, 64, 65, 66, 67, 68, 70, 71, 72, 73, 79, 90, 96, 99, 102, 104, 107 120
Larissa 92
Leônidas 109

Líridas 109

MANTO
    Netuno 91
    a Terra 46
    Urano 87
    Marte 6, 18, 25, 54, 55, 56, 57, 58, 59, 60, 61, 80
Homens na Lua 24
Mercúrio 6, 27, 30, 31, 32, 33, 34, 35, 39, 120
Messenger, sondas 31, 33
Chuva de meteoros 108, 109
Meteoritos 7, 21, 30, 31, 34, 109
Meteoros 108, 109
Mimas 76, 86
Miranda 88
Luas
    Júpiter 68, 69, 79
    Marte 55, 105
    Netuno 89, 92
    Saturno 27, 76, 77, 80, 81
    Urano 88, 89, 92

Netuno 90, 91, 92, 93
Nereida 92
Núcleo, cometa 106

Oberon 88
Oriônidas 109

Palas 104
Perseidas 109
Fobos 55
Plutão 7, 94, 95, 96, 97, 98

POLOS
    Júpiter 72
    Mercúrio 34
    Saturno 74
    a Terra 49
    Urano 84
Proteu 92

Quadrântidas 109

Arco-íris 13
ANÉIS
    Júpiter 66
    Netuno 92, 93
    Saturno 27, 74, 75, 76, 77, 78
    Urano 85

Saturno 7, 27, 74, 75, 76, 77, 78, 79, 80, 86, 89, 121
ESTAÇÕES (DO ANO)
    Marte 59
    a Terra 52, 53
Estrelas cadentes 108, 109
Painéis solares 15, 25, 60
Sonda espacial 27, 31, 37, 72, 78, 79, 80, 89, 93, 96, 99, 103, 107
Ônibus Espacial 124

Nave espacial 72, 78
Primavera 52, 53
Estrela 10, 32, 108, 113
TEMPESTADES
    Júpiter 65
    Marte 61
    Netuno 90

Verão 39, 48, 49, 52, 59, 87
Manchas solares 10, 15

a Terra 44-53
a Lua 16, 17, 18, 19, 20, 21, 22, 23, 24, 25, 31, 37, 38, 45, 55, 75, 98
o Sol 6, 7, 10, 11, 12, 13, 14, 15, 16, 17, 20, 22, 23, 34, 39, 48, 49, 50, 52, 53, 55, 98, 103, 106, 107, 114
Titã 75, 76, 79, 80, 81, 88, 89
Tritão 92, 93

Umbriel 88
Urano 7, 84, 85, 86, 87, 88, 89, 92, 121

Vênus 6, 26, 27, 36, 37, 38, 39, 40, 41, 79, 120
Trânsito de Vênus 38, 39
Vesta 104
vulcões 20, 40, 47, 54, 56, 93
Voyager, sondas 72, 89, 93

ÁGUA
    Júpiter 65, 67
    Marte 54, 56
    Mercúrio 32, 34
    Netuno 91
    Plutão 96
    a Terra 13, 44, 45
    Urano 87
inverno 48, 53, 59, 87